江苏高校优势学科建设工程资助项目

国家重点研发计划课题"乡村植物景观营造及应用技术研究"(2019YFD1100404)

国家林业和草原局软科学项目"国家公园自然资源景观特征评价、利用模式和保护策略研究"(2020131019)

国家社科基金项目"生态福利视域下旅游产业结构转型升级的路径与机制研究"(20BGL153)

休闲农业景观特色营造理论与实践

李晓颖　孙新旺　武涛　著

U0380396

东南大学出版社
SOUTHEAST UNIVERSITY PRESS
·南京·

图书在版编目(CIP)数据

休闲农业景观特色营造理论与实践 / 李晓颖,孙新
旺,武涛著. — 南京 : 东南大学出版社,2023.12
ISBN 978 - 7 - 5766 - 0309 - 5

Ⅰ. ①休… Ⅱ. ①李… ②孙… ③武… Ⅲ. ①观光农
业－景观设计－研究 Ⅳ. ①TU986.2

中国版本图书馆 CIP 数据核字(2022)第 207025 号

责任编辑:朱震霞　责任校对:子雪莲　封面设计:顾晓阳　责任印制:周荣虎

休闲农业景观特色营造理论与实践

XIUXIAN NONGYE JINGGUAN TESE YINGZAO LILUN YU SHIJIAN

著　者	李晓颖　孙新旺　武涛
出版发行	东南大学出版社
社　址	南京市四牌楼 2 号　　邮编:210096　　电话:025-83793330
出 版 人	白云飞
网　址	http://www.seupress.com
电子邮箱	press@seupress.com
经　销	全国各地新华书店
印　刷	广东虎彩云印刷有限公司
开　本	787 mm×1092 mm　1/16
印　张	16.25
字　数	380 千
版　次	2023 年 12 月第 1 版
印　次	2023 年 12 月第 1 次印刷
书　号	ISBN 978 - 7 - 5766 - 0309 - 5
定　价	120.00 元

—— PREFACE ——

序

近年来，党中央、国务院高度重视农业农村发展；国务院办公厅发布的多个文件中都强调，要大力发展休闲农业和乡村旅游，推进农业与旅游、教育、文化、养老等产业深度融合。中央政策引导、地方措施配套的休闲农业政策体系逐步形成。各地根据自身资源，加大休闲农业资源的深度开发，逐渐形成了具有浓厚地方农业特色的休闲农业产业发展模式，成为乡村振兴的重要发展力量。

本书作者一直从事园林规划设计教学、研究和实践工作，持续关注我国休闲农业的发展，积累了一定的理论和实践成果。本书是在已出版的《从农业观光园到田园综合体——现代休闲农业景观规划设计》一书的基础上，针对休闲农业景观特色营造进行了深入探索。

我国现代休闲农业景观的研究与实践已经发展了三十多年，在这个过程中取得了多方面的成就，但同时也出现了景观同质化严重、缺乏自身特色性等现象。应对"特色缺失"危机，不仅需要政府对行业发展给予政策引导，更需要科学方法的运用。本书围绕休闲农业景观特色营造进行了理论和实践的探讨，在理论环节对休闲农业景观资源进行分类阐述，分析其影响因素，结合规划设计流程解析特色营造步骤，并重点论述休闲农业景观特色营造方法。实践部分的案例是作者近些年主持的有关休闲农业实践项目，有属于典型观光园性质的休闲农业景观营造；有现代农业科技示范区类型的特色养殖业和种植业项目；有结合村落环境整治的农业综合类项目改造；有结合休闲游憩和农旅创意的生态牧场项目；也有农业主题乐园项目。这些项目类型各不相同，各具特色，展示了不同类型休闲农业景观特色的营造手法，具有很好的参考价值。

如今，我国正全面推进乡村振兴建设，不少地区通过发展休闲农业，为乡村振兴提供了新业态、新产业和新动能。希望专家与学者能更多参与到休闲农业景观的研究,从规划设计、管理建设等多种维度探讨景观特色的提升途径,按照"产业兴旺、生态宜居、乡风文明、治理有效、生活富裕"的总要求,和全域化、特色化、精品化的方向发展,促进乡村产业协同推进,助力乡村振兴全面发展。

王浩

2023 年 8 月

于南京林业大学

前　言

　　休闲农业利用农业产业,拓展农业功能,挖掘乡村价值,创新业态类型,融合一、二、三产业,兼容生产、生活、生态,发展前景广阔。休闲农业是城市与乡村建设的需要,也是时代发展的需要。随着农村经济的发展以及乡村振兴的有力促进,如今我国已进入休闲农业快速发展阶段。根据农业农村部普查数据,目前我国已经建成了 30 多万个休闲农庄、观光农园,它们相互借鉴、相互模仿。这种过快过热的发展态势,缺乏深度的园区规划,导致休闲农业行业陷入"特色缺失危机",出现了诸多问题。自 2014 年国务院《关于促进旅游业改革发展的若干意见》问世,农业农村部共出台了 20 多份引导休闲农业与乡村旅游的发展政策,发展目标也由积极引导开发旅游转变为现如今的促进休闲农业提质升级和优化特色。2020 年 7 月,国家农业农村部在《全国乡村产业发展规划(2020—2025 年)》中提到休闲农业只有注重特色,才能永葆活力和吸引力;要始终坚持个性化与特色化的原则,开发形式多样、内容突出、特色明显的旅游业态和产品。各地政府已深刻认识到休闲农业优化升级、打造特色品牌的重要性。

　　由于缺乏相关理论研究,因此在实践领域中探索休闲农业景观特色的呼声日益高涨。同时,休闲农业主导产业与经营类型不同,导致其景观特色也会有所差异,评价标准也会因此发生变化。在此背景下,在理论上对我国休闲农业景观特色营造手法进行分析,在实践上进行运用研究,为休闲农业景观特色营造的发展献计献策,不仅是理论研究的任务,也是实践发展的需求。

　　本书从理论和实践两方面入手,以理论为前提、案例为支撑,对休闲农业景观特色营造进行深度的研究。首先,通过搜阅文献资料,梳理休闲农业发展现状,明确我国休闲农业景观发展前景。其次进行休闲农业景观特色分析,找寻特色影响因素,结合规划定位、建设程度及经营特征将休闲农业景观划分为以农业生产为主的休闲农业和以旅游业为主的休闲农业两类,以便针对不同类型的休闲农业总结分析特色景观的营造手法。在实践层面,本书选择近几年的真实设计实践案例进行分析介绍,其中宿迁华腾猪舍里、淮安乐田小镇规划设计两个项目由江苏天正景观规划设计研究院有限公司提供。这些案例针对不同类型的休闲农业景观特色营造进行实践解析,旨在提供可操作性和指导性的建议,共同助力休闲农业行业的健康可持续发展。

朱晓英、葛靖雯、陈亚、吴榛、周家贝、张祥、蒋闻等参与了本书的理论研究和项目实践,在校研究生于雪婷、陈晨、祝佳凤等在后期的资料整理过程中给予了很多帮助,在此谨向他们的辛勤付出致谢。

2023 年 10 月于南京林业大学

—— CONTENTS ——

目　录

—— 第一章 ——

休闲农业概述

　　休闲农业是时代发展的需要。著名未来预测学家格雷厄姆·莫利托认为,休闲产业将是 21 世纪的动力产业和朝阳产业,全球范围内将出现"一个以休闲为基础的新社会"。美国未来学家甘赫曼预言,"休闲时代"将成为人类社会发展的第四次浪潮,随之而来的休闲体验将成为旅游者消费需求的最主要的特征之一。我国作为世界上的农业大国,悠久的农耕文明历史、丰富的农业资源、多彩的农业景观、归隐田园和天人合一的思想等都为休闲农业的发展提供了良好的基础。且休闲农业具有"农游"合一的特殊性质,满足了城市的发展需求和乡村的建设需求。

　　休闲农业是城市发展的需要。第一,休闲农业的发展可以为城市居民提供粮食、蔬菜、水果、肉禽蛋等农副产品。第二,休闲农业可以减少对自然环境的破坏,有效吸纳城市废弃物、降解城市有机废弃物,净化和改善区域环境。同时,能够防止城市过度扩张、连片发展而蚕食农田,成为城市的生态屏障。第三,休闲农业能够保护乡土特色、自然环境,增加生物多样性和景观多样性,为城市居民提供亲近自然的空间。

　　休闲农业是乡村建设的需要,是提高农民经济收入、传承风土文化和实现城乡一体化发展的有效途径。第一,休闲农业经济已逐渐成为我国新经济增长点的重要组成部分,对国民经济的增长起到了重要的推动作用。第二,休闲农业注重挖掘乡村文化内涵、传承传统文化精华。第三,休闲农业的发展以农村为阵地、以农民为主体、以农业为依托,能够调整和优化农业结构和生产经营模式,实现农业的可持续发展,为乡村建设和经济发展创造良好的经济基础。第四,休闲农业促进了城市和乡村的联系、交流和互动,拉近城乡居民的距离。

　　休闲农业是农业功能拓展、乡村价值发掘、业态类型创新的新产业,横跨一、二、三产业,兼容生产、生活、生态,融通工、农、城、乡,发展前景十分广阔。

1. 休闲农业特点和类型

1.1　休闲农业的概念

休闲农业中的"休闲"一词最早出现于希腊文学,指休闲及教育活动。亚里士多德在他的《政治学》一书中曾提出这样一个命题:"休闲才是一切事物环绕的中心。"马克思认为:"休闲"一是指用于非劳作的空余时间;二是指用于开发科教的可自行支配的时间;三是用于非劳作的可自行支配的时间,如提升自我的时间、学习的时间、履行社会职能的时间、维护社会关系的时间(《马克思恩格斯全集》)。近20年来,社会经济结构不断发展改变,在即将进入的"后工业化时代",人们休闲所占的时间比将不断增高,休闲的方式也会受到更多的关注。

农业是指国民经济中以土地资源为生产对象的重要产业部门,属于第一产业。《辞海》对农业的定义为:利用植物和动物的生活机能,通过人工培育以取得农产品的社会生产部门,通常分为种植业和畜牧业两大部分,在我国习惯上把农业分为农、林、牧、副、渔五业。农业以土地为基本生产资料,受自然条件的影响大,生产周期长,自然再生产同经济再生产相交织,具有明显的季节性和地区性。

结合众多学者的观点,本书将休闲农业概念总结为:以农业为主题,利用农业资源、乡村环境等条件,与第三产业融合发展,经过合理的规划设计与开发而形成的,集观光、度假、体验、推广、示范、娱乐、健身等功能于一体的新型农业产业形态,是以增进市民对农业农村的体验、提高农民受益为目的的农业经营形态,是现代农业的重要组成部分。

1.2 休闲农业的特点

(1) 生产性与审美性的融合

生产性和审美性是休闲农业景观的固有属性。首先,农业的生产性是人们发展农业的首要原因,农业生产满足人们的基本需求,休闲农业景观中的田野、村舍、果林和鱼塘等为人们提供粮食、住宿、蔬果和肉类等生存所需物质,具有经济价值。而这样有山有水有林的景观又形成了天然的风景,从晋陶渊明的"采菊东篱下,悠然见南山"中就可窥见文人们的田园山水情怀,这是带有朴素美感的天然画卷。其次,农业的生产性和审美性本身就是不可分割的,生产性是审美性的前提。金黄的麦田让人联想到丰收,从而引发美的欣赏。而荒芜的田地则让人联想到颓败,给人的感受是美的消逝。

(2) 地域性与季节性差异明显,景观类型多样

我国具有广阔的领土和悠久的历史积淀,广阔的领土意味着气候和地质地貌的差异性,而悠久的历史积淀则形成了不同的地域风情。不同的地域形成了不同的景观风貌,如江南的丘陵水田、华北平原的平原旱地、黄土高坡的红高粱田地;同一地域的农业景观也会因为季节的不同产生变化,作物会随着季节变化而发生变化,如果树的春华秋实、作物的春种秋收等,这些都使我国农业景观展现出较强的地域性和季节性差异。同时休闲农业景观类型呈现出多样性的特征。它包含了人工和自然的要素,既有广阔的田野、茂密的果园、清澈的鱼塘,又有天然的森林、巍峨的山峦、欢快的小溪。

(3) 休闲农业景观功能的多样性

休闲农业景观功能具有多样性:① 农业生产功能。这是休闲农业景观的基本属性,为人们提供粮食、蔬果等各类农产品,还可以为工业提供原材料。② 生态保育功能。休闲农

业景观的多样性保证了农业生态系统的稳定性,具有净化空气、调节局部小气候、净化水体的功能。③ 休闲农业景观文化功能。休闲农业景观的地域性差异形成了不同的农耕文化,不同农耕文化又造就了多样的风俗风貌,如在我国长江以南形成了稻米民俗文化区,在北方形成了麦子民俗文化区,而在不宜发展农耕的西北半干旱、干旱地区则形成了游牧民俗文化区。④ 旅游休闲功能。休闲农业景观具有审美价值和地域差异性,吸引着不同地区的人们了解他乡的风俗风貌,也吸引着城市的居民体验乡村的生活方式。⑤ 体验科教功能。在欣赏美好景色的同时,起到了科普示范的作用,通过农耕体验让人明白粮食的来之不易,从而更加珍惜粮食。

1.3 休闲农业产业构成分类

休闲农业具有产业结构复合性的特点,是以农业活动为依托,发展旅游的新产业。休闲产业是农业观光发展的基础,合理的产业规划和景观设计能更好地发挥休闲农业的社会效益。按照我国现有产业分类模式,并结合休闲农业中的生产经营类型,现将休闲农业中的产业分为以下方面:

(1)休闲农业中的农业产业

休闲农业以农业生产为基础,按照农业生产结构,可分为以下类型:

种植业:是指利用现代农业技术或现代栽培手段,栽培观赏价值较高的农产品,开发具有观光功能的种植业。其目的除了提高生产效益,也是为了向游客展示农业成果。乡村种植业的经营往往具有大规模、季节性、效果震撼等优点,除了展示大规模景观,还适合进行采摘活动。

林业:是指赋予林业观光功能。观光林业不仅是产业还是公益事业,在提高环境效益的同时可建设各类森林旅游项目,为游客观光、探险、康体等需求提供空间场所。

畜牧业:是指利用牧场、狩猎场等畜牧业资源,吸引游客参与农事劳作、品尝及购买畜牧产品等,实现畜牧业与旅游业的双赢。畜牧业充满新鲜生命力,能够使得自然、人文风景同畜牧风景相得益彰,赋予景区特殊魅力。

渔业:是指利用滩涂、湖面、水库等水体,开展具有观光、参与功能的旅游活动。渔业能为休闲农业提供极好的美食资源,生态渔业产品及其加工产品深受游客喜爱。渔业通常具有很高的参与性,可开发垂钓、捕鱼、摸鱼等特色农家活动,地区特有的渔业文化也极具科普价值。

副业:如磨豆制作豆浆/豆腐、采茶炒茶、竹艺编制、陶艺、纺织工艺等。农副业的发展不仅可以增加农产品附加值从而提高经济效益,还可以吸引游人参与,成为园区农业产业的特色项目。

(2)休闲农业中的旅游产业

与旅游业相结合使现代观光农业区别于传统农业生产。传统农业与旅游业相结合,不仅丰富了农业单一的生产功能,还使农业形成了独具特色的观光种植业、观光林业、观光畜牧业、观光渔业、观光副业等复合模式(表1-1)。

表1-1　农业产业分类表

一级分类	二级分类	三级分类
观光种植业	蔬菜种植园、瓜果采摘园、观光花卉园、科技农业园、茶园等	蔬果采摘园、观光采摘茶园、百草园、屋顶农业观光园、花卉专类园、农业科技大世界等
观光林业	竹园、林场、造型公园等	观光竹园、休闲林场、森林拓展营地、森林科学考察区、养生浴疗场等
观光畜牧业	牧牛场、牧羊场、养兔场、家禽养殖场等	挤奶场、草原牧场、斗牛场、斗马场、牛奶制品品尝区等
观光渔业	渔场、淡水养殖场、海水养殖场等	垂钓场、海滨渔场、捕捞场、摸鱼摸虾池、水产观赏馆、水产品尝区等
观光副业	柳编工艺、竹编工艺、草编工艺、纤维植物编制等	农艺园、柳编坊、剪纸坊、磨坊、五谷坊、工艺品展销中心等

休闲农业中，旅游产业的功能还包括以下方面：

餐饮与住宿：休闲农业发展初期，以农家乐形式风靡各地。其中，"吃农家菜、住农家房"即为最典型的农家乐餐饮与住宿模式。在日本、韩国等国家的某些地区，明文规定观光农业中餐饮必须使用当地食材、住宿房屋必须为原有乡村建筑，其对于餐饮、住宿的特色性要求可见一斑。

文娱：休闲农业具有科普教育、文化娱乐的作用，乡村是自然的大课堂，观光农业中常开辟青少年田间教室、科普展馆等旅游设施以丰富园区内涵。我国台湾地区建立了许多专题知识性休闲农场，如台湾苗栗花卉农场，以芳香植物为特色产业；开辟了芳香博物馆、香草植物区，引导游客了解学习植物种植与应用常识等。

购物：休闲农业功能之一是开展农副产品的展示销售，如农产品的采摘销售、工艺产品的销售等。优秀的观光农业商品应当具备纪念性、艺术性、实用性、收藏性等特性。

实际上，休闲农业的产业结构分类仅仅是一种理论上的划分，真正对游客具有吸引力的休闲农业应当是农业产业与休闲活动的融合，这种融合包含了对产业特色、当地文化特色、自然条件的分析及利用。

1.4　休闲农业的类型

休闲农业的分类方式有很多，可按旅游功能、开发主题、地域、经营模式和地域标准等不同方式进行分类。

按旅游功能分类，休闲农业可划分为观赏型、教育型、体验型、娱乐型、疗养型和度假型六个类型；按照开发主题分类，可分为农业园型、民俗文化型、历史文化遗址型、美丽村落乡镇型、科技教育型等；按地域分类，可分为城市郊区型、景区环抱型、偏远山区开发型、著名景点依靠型、美景村庄型、特色农业型等；按经营模式分类，可分为观光农园、教育与科技农园、森林公园和民俗观光村。

随着消费需求不断升级，休闲农业也在不断发展。休闲农业类型的发展是与时俱进的动态过程，经历了从简单到复杂、单一向多元、浅层向深层的发展过程。从初级的农家乐、简单的农业观光园,到如今的美丽乡村、农业小镇、田园综合体等,创意的融入使得休闲农业又增添了更多的可能性。显然,以上固定的类型划分模式逐渐难以概括所有的休闲农业业态。在研究中发现,不同产业主导的休闲农业,其景观的特色也大相径庭。例如以农业产业为主的休闲农业更看重景观的生产性、地域性,现代农业的科技性等;以旅游业为主的休闲农业更注重景观的审美性、体验活动的趣味性、旅游项目的创意性等。因此,要想针对性地提升休闲农业的景观特色,根据主导产业对休闲农业进行分类更加合理。

（1）休闲农业类型划分依据

① 规划定位:规划是根据休闲农业现有景观资源开展的,其定位通常较为清晰,可根据规划定位明确主导产业属性。一般以农业生产为主的休闲农业具有面积较大的农业生产区、引种育种区等,通常不对游客完全开放;以旅游为主的休闲农业其农业展示区及休闲游览区面积较大,农业生产面积较小或者融合在农业展示区中。

② 建设程度:若暂无具体的规划定位,可根据现有休闲农业建设程度、整体布局来判断。一般若依赖原有产业园开发的旅游观光,或产业面积占比较大,则归类为以农业产业为主的休闲农业业态;若后天选择良好区位地址,利用景观资源平地造园,农业景观为吸引游客所设,产业面积占比小甚至几乎不具备生产功能,则归类为以旅游业为主的休闲农业业态。

③ 经营特征:通过休闲农业主营产品和提供的服务可判断其业态类型。若主要提供生态绿色有机农副产品或农业加工品,所提供的服务也几乎完全依赖于产业资源,如采摘、垂钓,产学研相结合,主要盈利模式为农业产业,则是以农业生产为主的休闲农业业态;若主要提供优美的田园风光,以农业观光、休闲度假、民俗风情体验、可参与性活动等服务型产品为主,服务对象主要为游客、旅行团等,主要盈利模式为第三产业,则是以旅游业为主的休闲农业业态。

（2）休闲农业类型具体划分

依据上述划分依据将休闲农业划分为以农业生产为主的休闲农业业态和以旅游业为主的休闲农业业态。其中,以农业生产为主的休闲农业业态包括产业观光类、现代农业科技示范类、农业综合类等以农业生产为主导产业的经营形态;以旅游业为主的休闲农业业态包括休闲农场类、休闲度假类、民俗旅游类、农业主题观光类等以旅游业为主导产业的经营形态,如表1-2所示。

表 1-2　基于主导产业划分的休闲农业类型

休闲农业业态	休闲农业功能类型	具体业态类型	特点	典型例子
以农业生产为主	产业观光类	观光果园、观光茶园、观光养殖园和农业产业园等	农业产业用地占比大,产业景观、大片产业园、牧场、果园等	田园东方水蜜桃现代农业产业园
	现代农业科技示范类	现代农业产业园、农业科技园等	农业产业用地占比大,科技化、机械化、规模化农业生产,农产品采摘、售卖	南京傅家边农业科技园
	农业综合类	农业小镇、田园综合体、美丽乡村等	面积较大,功能综合化,景观复合性,包含村庄、产业部分、观光部分	南京溪田田园综合体

休闲农业业态	休闲农业功能类型	具体业态类型	特点	典型例子
以旅游业为主	休闲农场类	休闲农庄、休闲牧场等	休闲旅游用地占比大,产业更加强调美观,体验性活动、参与性活动丰富	沈阳稻梦空间、台湾飞牛牧场
	休闲度假类	民宿农庄、生态度假村等	休闲旅游用地占比大,乡村住宿、民风体验、度假	南京谷里徐家院
	民俗旅游类	民俗村寨等	休闲旅游用地占比大,体验民俗风情、品尝当地美食、购物	南京汤山七坊
	农业主题观光类	农业主题公园、主题观光园等	休闲旅游用地占比大,展示农业技术、体验农耕文化、参与农事活动	山东兰陵国家农业公园

2. 休闲农业发展研究现状

2.1 国外休闲农业发展

现代休闲农业起源于 19 世纪的欧洲,是一种新型农业生产经营形态。其发展源于现代城市发展中人与自然的隔离和城市快节奏的生活,已有 160 余年的发展历程。资料显示,其发展过程大致可以分为萌芽阶段、发展阶段和扩展阶段。

(1)萌芽阶段

萌芽阶段即 19 世纪 20 年代至 20 世纪初,该阶段农业首次出现观光与旅游功能,主要是指城市居民利用闲暇时间前往乡村欣赏美丽的田园风光。19 世纪 30 年代,城市发展迅速,城市人口急剧增加,使得城市生活变得拥挤不堪,城市环境问题明显。在这样的背景下,乡村自然宁静的生活开始令城市居民向往。1863 年,近代"旅游之父"托马斯·库克组织了第一个到瑞士农村的旅游团。1865 年,意大利成立了"农业与旅游全国协会",标志着农业旅游的诞生,随后这种旅游形式逐渐发展,成为一种新的旅游发展趋势。

这一阶段是休闲农业的萌芽时期,还没有明确休闲农业的概念,主要形式是带领城市居民到乡村,与当地农民同吃、同住、同劳作,但并没有观光景观或专门的服务设施,同样也没有配套的管理体系,当地农民只是收取游客的食宿费用。

(2)发展阶段

发展阶段即 20 世纪中期。这一时期,各国工业化进程加快,城市问题愈发严重,人口增加使得城市更加拥挤不堪,交通拥堵、建筑密集。城市生活环境质量的下降和城市生活压力的影响都使得人们更想要逃离。20 世纪 50 年代后期,休闲农业产业出现了专职从业人员,这标志着休闲农业作为一种农业与旅游业相结合的复合型新兴产业的诞生,自此休闲农业在欧美国家迅速发展起来。

这一阶段的休闲农业开始利用农业生产中的农作物、农产品等吸引游客,游玩的内容除了观光外还增加了形式多样的体验型休闲农业,同时开始搭配有乡村风情的植被、建筑、水体等景观要素。

（3）扩展阶段

扩展阶段即 20 世纪 80 年代至今,这一阶段休闲农业内容更加丰富。休闲农业传统的旅游方式逐步被充满多元化的休闲项目的旅游形式所替代。这一阶段休闲农业的显著特征是参与体验性强、业态类型多样、创意化程度高。同时在这一阶段出现了租赁农场,即农民或政府将农田租赁给附近都市的城市居民,供其种植花草、蔬菜等。该运营模式以德国和日本的市民农园发展最为成熟。

与此同时休闲农业也呈现出了更强的示范功能,如宣传环保理念,高新农业示范、农产品生产销售等。

2.2　国内休闲农业发展

我国休闲农业兴起于 20 世纪 70 年代以后,相较于国外起步较晚,但是改革开放以来发展势头良好。从发展的整体历程看,其规模化、组织化程度明显提高,其发展主要经历了以下三个阶段:

（1）休闲农业兴起阶段

20 世纪 80 年代后期至 20 世纪 90 年代是休闲农业的兴起阶段,改革开放以来,与城市边缘接壤的郊区、部分有特色的农村以及靠近景区的农村地区抓住改革开放的机遇,利用当地特色景观资源和自然环境,自发地开展了内容简单、形式单一的农业观光旅游。这一阶段的休闲农业景观规模小,以个体发展为主,自主经营,没有形成规模化发展体系,具有自发性和盲目性。

这一时期,作为休闲农业的兴起阶段,主要以郊区的田园风光和淳朴的民俗风气吸引市民前去观赏。总体上呈现出乡土气息浓郁、平民特性明显、原生美突出、参与体验性强、消费价格低的特点。

（2）休闲农业发展阶段

20 世纪 90 年代后期至 21 世纪初是休闲农业的发展阶段,这一阶段我国正处于经济模式由计划经济转向市场经济的转变期。城市化大发展,居民收入提高,生活水平实现了跨越式发展。相比于传统形式的远途旅行,人们更青睐于城郊及附近乡村的短途旅游,在这样的背景下,休闲农业迅速发展。根据相关数据统计,截至 2009 年底,全国共有各类休闲农业企业(园区)47 524 个,年营业收入超过 877 亿元,其中农民所获得的收入接近 270 亿元,带动农产品销售收入约 380 亿元,其中年产值超过 500 万元的规模企业 3 538 个,从业人员接近256 万人,其中农民工超过 204 万人,休闲农业已经成为一些农村地区壮大乡村经济的民生产业和支柱型产业。

为了顺应这一趋势,1998 年国家旅游局推出了"华夏城乡游",提出了"吃农家饭,住农家院,做农家活,看农家景,享农家乐"的口号,有效地推动了我国观光旅游休闲农业的高速发展。除此之外,各级政府也通过出台各种政策的方式,促进休闲农业发展。例如,2001

年,国家旅游局出台了《农业旅游发展指导规范》,公布了首批休闲农业观光旅游示范地区候选名单;2003年,北京市政府制定和实施了"221行动计划",支持北京郊区休闲农业发展的现代化推进;2006年,湖南省政府出台了《关于加快休闲农业发展的通知》,制定了一系列优惠政策。

除了实践和政策的发展进步之外,休闲农业的理论研究也渐渐得到重视,农业园的规划设计往往会遵循一定的理论。

（3）休闲农业规范经营阶段

21世纪初至今是休闲农业规范发展阶段。在第二阶段休闲农业大规模爆发使其在经营管理上出现了严重问题,这一阶段休闲农业的发展重点从单纯的数量增长转变为总体质量和服务的提高。各级政府都采取了一系列的措施,来规范休闲农业的发展。一是加强规划引导,推动产业集群,规范业态发展。为引导休闲农业产业发展,农业部于2011年组织编制了《全国休闲农业发展"十二五"规划》,明确了发展的思路、原则、布局和重点工作。引导休闲农业向规范化、国际化、差异化方向发展,切实增强休闲农业市场化竞争实力。二是强化品牌建设,提升产业地位,开展典型示范。2010年,农业部和国家旅游局联合开展全国休闲农业与乡村旅游示范县和全国休闲农业示范点创建活动,加快培育一批经营特色化、管理规范化、服务标准化的休闲农业示范点,形成一批休闲农业特色品牌。三是制定行业标准,出台法律法规,提高服务质量。根据全国休闲农业发展实际情况,结合休闲农业产业特征,建立休闲农业评价体系,引导休闲农业经营主体健全运营设施。

同时,这一阶段的休闲农业也向着更多元的方向发展,休闲农业的所属功能也由传统意义上的观赏风景、采摘水果功能拓展到休闲、观光、采摘、体验、旅游等多种功能,进一步实现从观光型旅游农业向休闲型旅游农业的转变,形成了新的休闲农业发展形式——"田园综合体"。田园综合体以现代农业生产发展为基础,结合当地的历史文化、民风民俗,同时改造当地的生活环境,形成一个富有文化底蕴,兼具现代舒适生活条件和乡村自然淳朴气息的世外桃源。

这一阶段的休闲农业在规划手法上已经形成体系,无论是发展规模、发展形式还是发展内涵都有了很大的提升。但21世纪初始,随着城市化的发展和居民生活水平的提高,人们对休闲农业开始有了更加多样化的需求,特色不突出、类型同质化的休闲农业开始无法满足人们的心理预期,休闲农业行业遭遇"特色缺失"危机,优化升级迫在眉睫。

3. 休闲农业发展中的问题

休闲农业利用农业产业,拓展农业功能,挖掘乡村价值,创新业态类型,融合一、二、三产业,兼容生产、生活、生态,发展前景广阔。随着专家学者和政府部门对休闲农业的高度重视和大力提倡,现如今我国已进入休闲农业快速发展阶段。但是由于休闲农业的建设门槛低、开发成本少,一处农院、一处农园就可以进行休闲活动。根据农业农村部普查数据,目前,我国已经建成了30多万个休闲农庄、观光农园,它们相互借鉴、相互模仿。这种过快过热的发展态势,缺乏深度的园区规划,导致休闲农业行业陷入"特色缺失"危机,出现了诸多问题。

一是规划统筹相对滞后。多数是个人的自发活动,缺乏区域性的规划引导,很多地区的休闲农业发展是无序的,缺乏精巧度、文化创意性、参与体验感、整体性规划,长期动态性监管缺位。现如今我国很多休闲农业是农场主等个人为追求经济利益而自发建设的,缺乏整体性规划,更难以与区域性整体规划相衔接,缺乏近期远期统筹布局规划,短期内利益可观,但缺乏长久吸引力。

二是景观同质化严重,缺乏自身特色性。目前大部分休闲农业对现有资源的利用程度较低,缺乏科学规划的能力,缺乏营造特色的创造力,简单的项目建设只是为了经济收入,什么"火"就布置什么,引入大量网红装置,缺乏对自身优势的把控。这种缺乏自身个性、类型同质化等问题造成了整个行业在低水平恶性竞争,从而妨碍了整个休闲农业的良性发展。

三是缺乏文化内涵。目前一些休闲农业对资源的特点认识不够清楚,没有对地方农业资源的现状、自然景观和人文特征进行合理的开发和建设,对景观的建设只是机械模仿景区或旅游景点的景观,导致景点重复,毫无新意,使得很多本身具有独特风貌的资源特色遭到忽视甚至破坏。同时,一些休闲农业增添了许多不科学的园林设施,不仅难以体现自身文化底蕴,而且会使古朴的乡村风貌遭到严重的损害,同时还会造成巨大的人力和财力损失,使其无法真正地反映出休闲农业的真正目的。

四是休闲农业建造大量城市化景观,冲击乡村田园原有风貌特色。景观缺乏特色性,难以体现地域特点。现有休闲农业景观并未充分展现田园风光,利用当地自然资源特色和农业产业优势,展现乡村野趣。甚至一些休闲农业一味模仿城市公园景观,建造不符合乡村的城市景观。盲目建设网红景观,选择网红植物抛弃乡土植物,生搬硬套,造成大范围内景观同质化,难以体现地域特色。

五是旅游活动体验差,游客参与程度低。目前很大一部分休闲农业旅游活动开发层次低、缺乏深入思考,仅仅停留在春天观花、秋天采果的低层次产品上,现有单一规划难以满足游客日益提升的审美需求和体验需求。旅游项目重复、照搬体验项目、与产业脱节、体验活动低级等问题影响游客的参与体验感。

为应对"特色缺失"危机,不仅需要政府对行业发展给予政策引导,更需要休闲农业管理方加强规划管理,运用科学的方法打造景观特色。

4. 休闲农业发展前景

4.1 国家政策引导休闲农业和乡村旅游优化升级

为顺应形势发展需要,度过休闲农业"特色危机",各地各部门始终坚持规划引领、因地制宜、科学规划、优化布局,推动休闲农业产业健康发展。自 2014 年国务院《关于促进旅游业改革发展的若干意见》问世至今,农业农村部共出台了 20 多份引导休闲农业与乡村旅游的发展政策,发展目标也由积极引导开发旅游转变为现如今的促进休闲农业提质升级和优化特色。2020 年 7 月,农业农村部在《全国乡村产业发展规划(2020—2025 年)》中提到休闲农业只有注重特色,才能永葆活力和吸引力;要始终坚持个性化与特色化的原则,开发形式多样、内容突出、特色明显的旅游业态和产品。在国家的政策引导下,全国各地因地制宜编制规划,如河北省编制《河北省现代农业发展"十三五"规划》,打造京津冀休闲农业产业群和产业带。四川省编制《四川省"十三五"农业和农村经济发展规划》,力争把四川建成中国休闲农业和乡村旅游目的地。浙江省编制《高质量创建乡村振兴示范省推进共同富裕示范区建设行动方案(2021—2025年)》,提出优化发展目标,促进特色升级,打响"诗画浙江·浙里田园"休闲农业品牌。国家及各地政府已深刻认识到休闲农业优化升级的必要性,持续出台了多项政策,促进地方塑造休闲农业特色品牌。

4.2 休闲农业应坚持特色化发展

各休闲农业管理方应跟随政策引导,及时对自身特色进行优化升级,满足日益增长的游客旅游需求。要充分挖掘当地风土民俗、旅游资源等方面的特色,打造具有当地特色、标志性的休闲农业品牌。当前城市生活越来越趋于一致化,休闲农业要提供给城市居民逃离日常生活的、具有文化碰撞的新鲜体验。因此休闲农业的未来发展要更加重视自身特色,突出自身的主题和格调。要以农耕文化为魂、以田园风光为韵、以村落民宅为形、以绿色农业为基、以创新创意为径,彰显"土气"、回味"老气"、焕发"生气"、融入"朝气"。结合国外及我国台湾地区先进休闲农业的发展经验,我国休闲农业应在规划定位、业态主题、景观特色与品牌塑造等多方面发力,打造独具特色的休闲农业。

(1)注重规划,合理定位

我国台湾地区和国外的休闲农场,注重对当地资源的合理开发和综合利用,立足于当地自然景观、产业优势和文化特色,并保留其独特的乡村生产与生存模式。在我国的休闲农业发展和建设中,要注意统筹资源,高效利用和科学布局,通过制定相关的发展计划,明确指导思想,确定市场定位,规范项目设置,提高决策科学性,避免盲目发展。例如台湾西海岸的彰化、云林等主要农业县,利用森林资源开发农业观光与生态旅游;日本北海道凭借独特的地理环境与得天独厚的气候优势,汇集了日本众多休闲牧场来开发牧场资源发展休闲旅游等。

(2)业态划分明确,主题鲜明

日本对休闲农业各业态所经营的活动做了明确的规定,保障了各业态的主题鲜明性与活动契合性,促进了休闲农业行业的良性发展。规定休闲农场开展农业相关的体验活动,例如插秧、种植、收割麦子或水稻、制作草绳/草鞋等;森林公园利用森林资源体验天然氧吧,包括林下乐园、林场沐浴等;休闲牧场利用动物资源,明晰动物生活规律,带领游客亲近动物,还可以挤牛奶、制作奶制品等;休闲渔业利用淡水或海水资源,体验钓鱼、捕鱼的乐趣,还可以制作或购买海产品等。不同业态从自身产业或自身资源出发,打造特色鲜明的主题,开展丰富有趣的活动。

(3)注重景观特色和品牌建设

发展休闲农业要注重实际,不能盲目跟风,要根据当地资源条件、居民消费需求、市场发展趋势以及目前的市场需求,发展适合当地特点的项目和产品。要注重个性化特征和特点,开发创意性、人性化、品牌化的旅游产品。同时,要充分发掘地域文化,使产品的文化定位更加充实和完善,从而提高品牌的魅力,提升吸引力。以我国台湾地区的休闲农业为例,其规划设计结合区域地理位置、自然资源、产业特色、人文景观、民俗文化、生态环境等,突出表达绿色旅游、体验生活、享受自然、传承文化等主题,从多方面满足游客个性化需求。

尤其是自新冠疫情以来,近距离的乡村休闲类旅游景区市场热度提升明显,日益成为老百姓出行的首选。中国旅游研究院文化和旅游部数据中心发布的《中国旅游景区发展报告(2021)》显示,自 2020 年国庆假期以来,游客平均出游距离和目的地平均游憩半径呈现双收缩趋势。国庆假期游客平均出游距离从 2020 年的 213 km 下降到 2021 年的 141.3 km;游客目的地平均游憩半径从 2020 年的 14.2 km 收缩到 2021 年的 13.1 km,并一度在 2021 年春节期间收缩到 7.6 km。因此,作为休闲农业管理方,应紧随时代发展潮流,在国家和地方政府的政策引导下,应认识到打造休闲农业景观特色的重要性,并通过科学合理的方式,挖掘特有资源,形成自身特色,通过多方面的提升,满足游客日益增长的休闲需求。

第二章

休闲农业景观特色分析

休闲农业景观是自然景观和人文景观的完美融合,包括以农业为主的生产景观和特有的田园文化特征和田园生活方式。从构成要素看,休闲农业景观是自然景观资源、生产景观资源、人工景观资源及人文景观资源构成的景观环境综合体,包含了三个层次的内容。一是环境层,包括地形、水体、气候、动植物、农田林地、农业生产设施等自然和人工资源环境;二是文化层,包括所在地的农耕文化、历史文化、乡村聚落、民俗风情等文化资源;三是感受层,是指其中的所有自然和人工设施带给人的审美特征和视觉感受。

休闲农业景观特色的概念是复合型的,叠加了"休闲农业""景观"和"特色"三个概念,其中"景观"和"特色"都体现了休闲农业的特征。休闲农业景观特色,即为休闲农业景观、休闲农业特色和景观特色互相联系的整体,是休闲农业特色的景观表达形式,是休闲农业景观的独特的美学特征。所以休闲农业景观特色的内涵可以总结为"一定时间和空间内,不同休闲农业景观审美特征比较,得出的景观审美结论。"

休闲农业的景观特色受多方面影响,因此本章节对其进行详细分析,在明确休闲农业景观特色影响因素和不同产业主导的休闲农业景观特征的基础上,为休闲农业景观特色的优化提升明确方向。

1. 休闲农业景观资源分类

1.1 自然景观资源

自然环境是由地形地貌、气候、水文、土壤和动植物等要素有机组合而形成的自然综合体,是形成休闲农业景观的基底和背景(图2-1)。自然景观资源本身受地带分布的影响,呈现出明显的地域性,对休闲农业景观的形成发挥着各自不同的作用。

地形地貌是大地的地表形态,或平坦,或起伏,形成了园区的景观骨架。气候决定了太阳辐射、地面温度、降水等,不同的气候会形成不同的区域景观,影响着土地的类型、生物的分布、生产内容、人们的生活习惯等。水文条件包括河流、湖泊等天然水体和农田灌溉渠网、运河、水库等人工水体,它影响着农业类型、耕作方式、水陆交通等。土壤的类型、性状决定了生物的类型、长势、布局等。植物是景观组成的一个重要的因素,包括原始植被、水体、绿地等。

1.2 生产景观资源

生产景观是休闲农业所特有的景观资源,这也决定了休闲农业景观资源的特殊性和多样性(图2-2)。生产景观资源包括生产用地、生产方式、生产设施、生产作物等。

农田、水塘、林地、草地等不同类型的生产用地满足了农、林、牧、副、渔业生产的需要,形成了生产性景观的基底。

生产方式有很多,包括原始的耕作、传统农业和现代农业等不同的生产方法,生产结构是种植业还是养殖业,生产形式是单一农业还是多种经营等。不同地域受自然资源、气候等影响,会形成独具地方特色的生产方式,如珠江三角洲的桑基鱼塘、云南元阳的梯田等都是不同地域生产方式的体现。

生产设施也是影响生产景观的一个重要因素,根据生产方式的不同分为传统农业设施和现代农业设施。传统农业设施主要服务于传统的农业,包括犁、锄、耙、锹、镰刀、碾、水车等。现代农业设施主要包括温室、大棚、农田水利设施等,这些设施展现了现代农业技术,不仅可以培育出优良的新、奇、特产品,而且高科技的景观也满足了游客参观、学习的需求。

生产作物包括种植业、养殖业等产品。种植业的产品包括五谷、油料、蔬菜、瓜果、林木、花卉等;养殖业的产品包括畜牧、家禽、水生动物等,此外还包括农副产品加工、手工业为主的副业。多样的农作物种类为观光农业的开发提供了丰富的农业景观素材,不仅可以提供新鲜的绿色食品,而且可以开展瓜果采摘、垂钓打捞等活动,感受丰收的喜悦。在休闲农业的景观规划中,根据农作物的特点合理安排,可以形成季相丰富、形式多样的农业景观。

1.3 人工景观资源

人工景观是指在自然环境景观的基底上进行改造形成的半人工景观或建设形成的人工景观(图2-3)。人工景观的类型和强度反映了人类对自然环境景观的干扰方式和干扰强度。人工景观要素包括能源供应系统、供水排水系统、环保环卫系统等工程性基础设施;包括各种生产性道路,农田基本建设、农业设施和水利设施等农业生产性设施;包括服务设施、住宿设施、乡村聚落等生活服务设施;还包括人工开发与建设的景观设施等。

1.4 人文景观资源

我国地域宽广,不同地域的文化差别很大。尤其是我国是一个以农业为主的国家,几千年来在农业生产中形成的农耕文化更是丰富多彩,农耕文化孕育的生产方式、民歌、风俗、戏剧等反映了各地人们的地方生活习俗。

人文景观资源是指在与自然环境相互作用的过程中,在了解自然、利用自然、改造自然和创造生活的实践中,形成的历史遗存、文化形态、社会习俗、生产生活方式、风土民情、宗教信仰等,它是休闲农业景观中最为重要的文化特征,也是地域特征的重要体现(图2-4)。

图 2-1　自然景观资源

图 2-2　生产景观资源

图 2-3　人工景观资源

图 2-4　人文景观资源

2. 休闲农业景观特色影响因素

休闲农业景观特色受时间和空间影响。不同的时间维度会产生不同的审美表达,如同时尚界、服装界一样,景观在每个时代也有自己的特色。每个特定的时间限定中,特殊的自然现象和历史人文因素影响着人们的审美感受,于是特定的审美特征就会演变成该时间系统内特定的景观特色。除了时间系统会对景观特色形成影响外,相同的时间不同空间内形成的景观也有着截然不同的特色。不同的空间内涵盖着不同的地理条件、文化差异,使得景观形成了深刻的分异。景观中的某些审美特征,又在人文与自然因素的共同作用下逐渐得到强化或突出,形成了该空间维度中的景观特色。除了受时间和空间的影响,其景观特色还受以下因素影响:

2.1　自然环境因素

休闲农业地理位置的自然环境,是景观形成的基础条件。地形地貌、水资源、气候条件、动植物资源以及气象特征都是休闲农业景观特色的重要影响因素,如表 2-1 所示。比如浙江是典型的丘陵地区,农田布置在丘陵之间,其地貌区别于一马平川的北方平原;江南的水网密集是其独有的特色,与陕北高原的水文特征截然不同;海南的热带气候和独特的植物,区别于其他地域的落叶阔叶林、常绿针叶林,呈现出独有的热带风情;东北的黑土地,云南、湖南的红土地也是区别于其他地域的独特自然环境等。

表 2-1　自然环境形成的景观特色

自然环境		景观特色
地形地貌	山地	奇峰峭壁、怪石、洞穴、云海、瀑布、书院、宗教建筑等
	高原	雪山、冰川、草原、湖泊、少数民族文化景观等
	丘陵	梯田、茶山、天然林地、乡村聚落等
	平原	大面积农田景观、乡村聚落等
	盆地	水利景观、乡村聚落等
生物资源	森林资源	热带雨林、亚寒带针叶林等
	草场资源	热带草原、温带草原、高山草甸、河漫滩草甸等
	野生动植物资源	沙棘、椰树等地方经济作物;熊猫、金丝猴、朱鹮等地方特有动物
水资源	河流	山间溪流、小桥流水、农田水网等
	湖泊	水质、形状、水利工程等
	海洋	洋流、渔场、海滩、海岛等
气候	温带大陆性气候	荒漠、温带草原、亚寒带针叶林等
	温带季风气候	麦田、落叶阔叶林等
	亚热带季风气候	稻田、油菜花海、亚热带常绿阔叶林、水产养殖等
	热带季风气候	热带植物景观、海滩景观等
	高原山地气候	雪山、高原景观等

2.2　农业生产因素

　　农业环境被称为"第二自然",在漫长的历史演变中,人类为获得食物来源,不断地顺从自然、征服自然,最终与自然和谐相处,开辟了肥沃的农田土地、广阔的林场资源、漫坡的牧场、富饶的渔场。作为休闲农业景观最重要的人造环境,它不仅为当地居民种植农作物、养殖牲畜提供场所,而且为休闲农业景观提供依托。受限于地域环境和气候条件,不同地区的农业景观存在着巨大的差异。即使是同一地理环境,也会受不同经济政策和土地政策的影响,展现出不同的农业景观风貌。例如云南元阳梯田,错落的农田、多彩的农作物与自然环境相互交融;北方的黑土地,一望无垠的农田又展现另一幅壮观的农业画卷。这些农业景观受土地肌理、农业色彩、农业地域、农业科技等影响,展现出不同的景观特点:

　　(1)农业肌理感

　　农田、林地、牧场或鱼塘的肌理是农业景观的外在表现形式,农业肌理呈现出休闲农业不同于其他公园、风景区的独特美学体验。

（2）农业色彩感

农业色彩感包括种植非单一颜色的农作物；种植不同颜色的同一作物，如彩色棉花、彩色稻谷等；多种颜色农作物组合形成的彩色观光农田；生产时覆盖的不同颜色覆膜形成的独特景观，如小麦在晚播后覆盖红色地膜，为增加韭菜产量覆盖紫膜等。

（3）农业地域性

农业地域性是指在一定的地域内，农业生产的条件、生产结构、经营方式、发展等具有相同的特征。不同的地域，农业种植作物或动植品种不同。

（4）农业科技性

农业科技性是指休闲农业中运用科技进行高效生产，例如良种培育、无土栽培、精准灌溉等农业技术展示，大型温室和大棚、农业机械等设施，物联网高科技应用、大数据等科学技术等。

2.3　乡村建成环境因素

（1）聚落形态

聚落形态是指由街巷、民居等物质要素构成的乡村总体布局，是容纳人们居住、交往和游憩的多功能空间活动场所。每一个村落的发展都有一个自然演化规律，均有各自的自然条件和历史背景，自成体系，形成各具特色的建筑布局、道路骨架和水系网络。比如宏村，从整个外观上说，宏村内的建筑排列从高空上看下去就好像一头巨大的水牛，整个村庄也因此而闻名。而组成水牛内部结构的建筑有许多，如宏村内部的水圳，这是村庄的排水系统，因为这些水渠细长而曲折，所以当地人就戏称为"牛肠"。村里的另一个著名的景点南湖也被形象地形容成了"牛肚"，而村内的月沼也就是"牛胃"了。不光聚落形态千变万化，不同村落在结构上、形式上也有很大的差别，如华北乡村聚落大多以四合院、三合院为主，聚落的规模大，密度稀；而江南丘陵地区的乡村聚落则规模小、分布散，形成了独特的"小桥流水人家"乡村景观。

（2）乡土建筑

乡土建筑是地方特色和历史文化的凝结，既保存了许多地方的传统元素，又具有适当的围合尺度、合理的体量、错落有致的布局，既符合当地的自然环境，又具有良好的空间效果，是体现景观特色的一个重要因素。例如福建土楼以其独特的建筑形态及功能成为福建的代表性景观特色，一提到江南风光就联想到粉墙黛瓦的徽派建筑等，这些无一不证明乡土建筑对景观特色的影响。

（3）乡土材料

乡土材料是某一地域常见的，人们生产生活中形成和使用的物质材料。它具备取材方便、工艺便捷、能耗较低的特点，是构成乡村景观的重要组成部分。乡土材料凭借其自身所带有的文化与精神属性，使得其在传递乡土意境和继承文化特色方面独具优势。其自身较强的地域特征与时代特点，可使人产生精神共鸣，回忆乡土情谊，体现较强的乡土景观特色。

2.4 历史人文因素

（1）历史

历史文脉是指一个区域在产生、演化过程中所形成的生活方式和各个时期所留下的历史痕迹，是由时间尺度上的地域性特征的脉络化发展所构成的一种文化体系。历史涵盖了人类社会的各类文化现象，是人们在社会发展的进程中所创造的社会生产生活的产物，包括观念信仰、语言文字、传统技艺、文化艺术、生产生活方式等。历史的脉络里包含着各地人们与自然斗争与共生的故事，要想深度挖掘出休闲农业的历史特色，就要深入了解其历史人文脉络，从其中做特色的提取。

（2）宗教

经过漫长的历史演变，我国不仅汇聚了"儒释道"三大哲学思想，还聚集了伊斯兰教、基督教、天主教，形成百花齐放的现象。这些宗教的思想、内涵以及建筑的元素、形式是休闲农业景观特色挖掘的重要内容。例如结合道家开展的以"田园悟道"为主题特色的康养休闲农业，结合佛教以"禅农文化"为主题的农禅之旅。

（3）民风民俗

民风民俗是特定文化区域内历代人民共同遵守的行为模式。民风民俗是影响休闲农业景观特色的重要因素，包括居住民俗、服饰民俗、饮食民俗、礼仪民俗、节令民俗、游艺民俗等民俗文化；民俗歌舞、民间技艺、民间戏剧、民间表演等乡土文化；民族风俗、民族习惯、民族村落、民族歌舞、民族节日、民族宗教等民族文化。

（4）传统技艺

传统技艺承载着技术与经济，在某些程度上体现着地域性的审美与精神追求，是人文景观的重要组成部分。可归纳为：粮食加工、酿酒、纺织、造纸、剪纸、编织、刺绣、陶艺等。技艺传承度及技艺稀缺性影响其特色性。

2.5 人的心理需求因素

心理行为是休闲农业景观的重要价值内核，心理行为体现的恰恰就是乡村的自然环境、乡村聚落格局、人们生产生活的状态、民风民俗文化。休闲农业的规划和建设要得到当地居民的认可，要深刻地认识和体会到当地居民原有生活的感受，从他们的需求和情感出发，尽量保留还原他们的民风民俗以满足他们的生活基本配套需求，同时还要注重他们的精神文化需求。这样不仅保护了村民的日常生活不被打扰，更体现了最地道的乡村特色。而游客作为休闲农业的主要参与者，其对休闲农业的心理需求主要是追求舒适休闲、寻求新事物、寻求知识、怀旧感慨以及追求审美愉悦，可简单概括为求知、求乐、求特、求奇、求新。景观特色在某种层面上说是游客的主观感受，把握游客心理诉求，开展游客心仪的旅游活动，更有利于分析及塑造景观特色。综上，休闲农业景观特色影响因素分类见表 2-2。

表2-2 休闲农业景观特色影响因素分类

大类	中类	小类	典型景观特色
自然环境	地形地貌	山地	奇峰峭壁、怪石、洞穴、云海、瀑布等
		高原	雪山、冰川、草原、湖泊等
		丘陵	梯田、茶山、天然林地等
		平原	大面积农田景观等
		盆地	水利景观等
	生物资源	森林资源	热带雨林、亚寒带针叶林等
		草场资源	草原、高山草甸、河漫滩草甸等
		野生动植物资源	油菜花、油棕、椰树等地方经济作物;熊猫、金丝猴等地方特有动物
	水资源	河流	山间溪流、小桥流水、农田水网等
		湖泊	水质、形状、水利工程等
		海洋	洋流、渔场、海滩、海岛等
	气候气象	特有气候	特有小气候
		特有气象	雾凇、云海、清晰的星空等
农业生产	设施	景观设施	例如台湾飞牛牧场围栏的奶牛图案
		产业设施	温室、大棚、拖拉机、推车、锄头、镰刀等农业生产设施
	特色农业	农业肌理	例如江西婺源大片油菜花海等
		农业色彩	例如南京徐家院多彩花田等
		农业地域	例如河南洛阳、山东菏泽的特色花卉牡丹等
		农业科技	例如兰陵国家农业公园的各种农业生产科技展示等
乡村建成环境	聚落形态	街巷空间	例如重庆磁器口蜿蜒曲折的街巷等
		聚落公共空间	例如安徽宏村整体水牛造型,公共空间代表不同器官等
	乡土建筑	民居建筑	徽派传统民居、吊脚楼、四合院等
		宗祠建筑	家族祠堂、儒家宗祠等
		服务建筑	游客服务中心、公共洗手间等
	乡土材料	材料丰富度	竹材、红砖、瓦材等运用的多样性
		材料使用率	现状乡土材料使用范围、使用频次、重要节点出现频次
历史人文	历史	遗址遗存	例如西安书院门等
		碑文石刻	例如萧云从碑等
	宗教	宗教建筑	寺庙、道观、土地庙等
		宗教礼仪	祈祷、祭祀等

大类	中类	小类	典型景观特色
		节假庆典	例如南京夫子庙灯会等
	民风民俗	民族风俗	例如武汉市大余湾民俗村等
		民间文艺	例如湖州府庙街的善琏湖笔、双林绫绢等
		地方物产	例如汤山七坊的豆腐坊、粉丝坊、茶坊、糕坊等
人的心理需求	公众活动	游客心理需求	求知、求乐、求特、求奇、求新
		居民满意度	居住、生活便利性，精神文化满足感

3. 不同类型休闲农业景观特色

3.1　以农业生产为主的休闲农业景观特色

以农业生产为主的休闲农业是指以农业生产为主、休闲旅游为辅的休闲农业类型，自身定位清晰，明确农业产业是其支柱，一般农业产业用地占比高，提供的产品、服务与产业紧密相连。包括产业观光类、现代农业科技示范类及农业综合类等类型。其特色更多体现在生产性、科技性、生态性及生活性四方面：

（1）传统农业的生产性

以农业生产为主的休闲农业偏重传统农业生产，多数是在已有农业生产用地的基础上改造而成的，即在原有农、林、牧、渔产业的基础上发展旅游，结合简单的活动项目，如产业观光、采摘、种植体验等形成观光果园、观光茶园等农业产业园。由于这类休闲农业主要以某类农业产业生产为主，其景观也多为纯粹的产业景观，因此地域性、季节性强。这类休闲农业相对旅游投入较少，休闲设施比较简单，如浙江安吉白茶茶园等。

（2）现代农业的科技性

以农业生产为主的休闲农业，尤其是现代农业科技示范类，其重视农业机械化和农业科技化的支撑，发展高新农业。利用现代科学技术和管理手段，形成一个集研发、生产、加工、销售等多种功能于一体的现代农业科技示范园，以生态示范和高科技带动观光旅游、科普教育等第三产业发展。近年来，上海、天津、广州、南京等经济领先地区出现了众多此类现代农业园的成功案例，如南京博家边农业科技园等。

（3）低影响的生态性

以农业生产为主的休闲农业，不仅包括生产环境，还包括广阔的生态环境。除了一部分居住空间，剩下的是广袤的自然环境，包括山地、湖泊、河流、湿地、森林等自然资源，对涵养水源、净化空气、提供生物栖息地、维护生态多样性等都有较大贡献。尤其是农业生产对自然环境的开发性、影响性、破坏性较小，其自然风貌一般都具备较强的生态性。

（4）乡土民情的生活性

以农业生产为主的休闲农业，例如乡村、田园综合体等，一般占地面积大，涵盖乡村聚居,具备一定规模的农业生产,以农民为主要参与和受益主体。在此基础上开发产业观光、文化旅游,可以概括为"农业＋文旅＋田园社区"的发展模式,在景观上也保留了大量的生活痕迹,如聚落的乡土建筑、纵横的街巷、日常的生活设施、菜圃等,如南京市溪田农业综合体、黄龙岘茶文化村、西埂莲香等都包含有明显的生活性景观特色。

3.2 以旅游业为主的休闲农业景观特色

以旅游业为主的休闲农业,是指重视休闲观光、弱化农业生产的类型。弱化农业生产以提供田园景致为主,以产业经济效益为辅,农业景观主要满足市民欣赏自然风光、体验农业生产过程、感受民俗风情的愿望。这一类型的休闲农业以发展旅游项目为主,即为满足游客的娱乐需要,发展各种形式的休闲活动。在其发展过程中,景观往往有以下特征:

(1)景观美感突出

以旅游业为主的休闲农业作为环城游憩带的重要节点,承担着城市后花园的功能。一般选址都极其考究,自然环境、山水资源风貌突出。在园区规划建设中也具备完整设计方案,主题明确,设施完善,景观打造较为优质,无论是自然景观还是农业景观都讲究色彩和美感。在疫情当下的今天,这类休闲农业凭借优美的生态景观、田园风光成为游客短距离出行的首选。

(2)文化内涵丰富

我国幅员辽阔,960万 km² 的地域差异,形成了各具特色的民风习俗。历史悠久的农耕文化,汇集成特有的农业文化资源。而以旅游业为主的休闲农业通过文化挖掘、文创融入,合理利用历史人文要素,融于自然景观,打造内涵丰富的人文景致,策划形式多样的文化体验项目,寓教于乐,满足人们求知的心理诉求。

(3)旅游创意融入

以旅游业为主的休闲农业重视创意的融入,创意所形成的品牌特色是吸引游客的加分项。包括旅游产品的主题融入、内涵丰富、形式时尚多样;利用特色节庆,挖掘节庆日内涵,创新旅游体验方式;开发演艺活动,通过声光电的配合,更好地、更有创意地解读当地文化。

(4)体验活动多样

这类休闲农业体验活动多样,比如引入知名 IP 乐园,开发创意活动,打造网红打卡项目,鼓励游客参与生产、采摘、动植物养殖等生产活动,延展活动的深度,包括 DIY 创作、亲子互动等,提升旅游的趣味性和参与性。

—— 第三章 ——

休闲农业景观特色营造

现如今,休闲农业的市场需求呈现多元化、个性化特征和参与性、体验性倾向,我们在厘清休闲农业景观特色的影响因素之后,要明确休闲农业营造步骤及营造方法,在实际运用层面进一步地探讨。

1. 休闲农业景观特色营造步骤

1.1 基础资料收集与前期分析

要对休闲农业进行合理规划,充分挖掘自身资源,打造自身特色,就必须对自身基础情况进行充分摸查,进行详尽的前期分析,以便确定合适的园区定位与发展方向。资料收集包括区域背景分析及休闲农业现状条件分析两大部分。区域背景分析包括区域经济水平、区域农业基础、区域旅游资源、区域客源市场及区域相关规划政策等;休闲农业现状条件分析包括自然资源、社会经济状况、区位条件、产业资源、人文资源、土地利用现状、基础设施现状及相关人群需求等(表3-1)。分析并评价这些指标,得到最后的SWOT分析结果,明确优势(S)、劣势(W)、机遇(O)、威胁(T)。

表 3-1 基础资料收集表

	分析项目	主要指标
区域背景分析	区域经济水平	地区人均国内生产总值、城镇居民可支配收入、农村居民纯收入、城镇居民人均消费等
	区域农业基础	区域农、林、渔、牧资源,周边主导农产品和产业层次等
	区域旅游资源	区域风景名胜、文化古迹、非物质文化遗产资源,休闲农业和乡村旅游发展阶段等
	区域客源市场	客源方向、年龄、受教育层次、收入水平等
	区域相关规划政策	国家与地方相关法律法规与政策,相关计划或规划等

分析项目		主要指标
休闲农业现状条件分析	自然资源	气候、地质土壤、地形地貌、水文资源、绿地资源、自然灾害等
	社会经济状况	人口结构、经济、产业等
	区位条件	地理位置、自然、文化、交通、旅游等资源
	产业资源	产业结构、核心产业等
	人文资源	农民日常活动、农村文化与节庆等
	土地利用现状	绿地、水域、林地、耕地、园地、建筑用地、其他设施用地的范围、面积和使用情况等
	基础设施现状	交通设施和公共服务设施等
	相关人群需求	村民、管理者、游客需求等

1.2 形象定位及主题策划

休闲农业快速发展的当下,游客追求的不再是千篇一律的浅层次的游览观光,休闲农业需要具有特色的理念及明确的定位。形象定位是指对休闲农业的特色卖点进行总结提炼,当下休闲农业建设趋同很大一部分是因为缺少鲜明的定位。只有明确自身资源禀赋和产品特色,准确定位,打造独特品牌,才会赋予休闲农业更高吸引力和持久活力。形象定位和主题策划是休闲农业景观特色营造规划中最根本也是最核心的一项内容,对后续的规划步骤具有统领性的作用。其定位应当基于前期分析、当地资源特色、主导产业及社会资源,围绕现有的特色优势进行开发。例如南京市江宁"五朵金花"是江宁的5个特色村落,其中"世凹桃园"主打牛首山文化和佛教文化两张名片,定位为"宗教文化品质游"农家乐示范村(图3-1);"石塘人家"群山环抱,竹海翻腾,形成"山居静心享乐游"为特色的山水乡村;"汤山七坊"深度挖掘"油坊、酱坊、糕坊、面坊、豆腐坊、炒米坊、粉丝坊"民间工艺(图3-2),独树"农耕文化体验游";"朱门农家"发挥依山傍水的生态景观,打造以"淳朴田园风情游"为特色的美丽山村;"东山香樟园"凭借秦淮河水文化和百亩香樟园,建成城郊农家乐示范村。

图3-1 世凹桃源徽派建筑

图3-2 汤山七坊"酒坊"

（1）休闲农业主题定位原则

休闲农业的特色形象定位对旅游营销有着引导的作用。在确定形象定位时，要注意以下几方面：

① 定位立足特色产业

农业产业是休闲农业的产业立足之本，是旅游发展的基础。休闲农业的主题策划要围绕自身主导产业，始终要以自身农业产业为考虑的重点，保持并发挥自身产业优势，在保证产业稳定有序的基础上开发休闲旅游。但要注意主题定位的契合度，要高度依赖特色产业。确定休闲农业的主要产业类型并在此基础上进行园区的整体规划思考。休闲农业的资源多样，简单的堆砌难以突出特色，找准主导优势，对其进行充分理性分析，在此基础上对其他资源进行取舍，才能使得产业品牌优势最大化。例如杭州的万象花卉生产基地，以花卉种植业为本，在此基础上引入观光、互联网销售，无论是发展方向还是经营模式，都走在国内生态园前列（图 3-3）。

图 3-3　万象花卉生产基地生产区

来源：http://www. wxhh. com. cn/

② 注重主题概念创新

随着消费者旅游理念的不断提升和消费需求的不断升级，消费重心由价格、功能、物质形态转移到品牌、服务、体验等非物质层面，从而使其竞争由价格转向品质、内容、创意等方面。休闲农业可利用农业产品的季节性，打造旅游主题，如采摘节、樱花季等；也可借助休闲农业的特色资源，打造旅游主题，例如花海马拉松、田园单车赛等。在主题设计上，应注意将农业节庆的概念融入其中，将产业文化、地域文化与休闲农业相融合，每年的活动都要进行创意设计。以我国台湾地区海芋季为例，2019 年的活动以"芋见爱情海，敲响幸福钟"为主题，为恋人们营造一个浪漫的海芋花海的体验空间；2020 年则以"芋望尘世"为题材，将我们熟悉的日常生活景象化作各种不同的海芋景观；2021 年主题是"海洋奇芋季"，6 万株彩色海芋，搭配 2 万株百合，打造缤纷海底花园。

（2）主题策划案例分析——安吉白茶观光园

安吉白茶观光园位于浙江安吉县东北部的"中国白茶第一村"溪龙乡黄杜村。距县城

20 km,园区临近 11 省道,交通便捷。基地以国家级白茶标准化生产示范园为核心,园区规划总面积为 10.79 ha,中心区域约 2 000 亩(1 亩约等于 666.7 m²)。安吉白茶观光园从园区资源着手,紧扣白茶产业以及茶文化特色开展主题策划与规划建设,对产业资源、文化挖掘以及景观的主题表达值得借鉴。

① 资源整合与主题定位

自然资源:安吉是著名的"茶乡""竹乡",溪龙乡黄杜村地处天目山北麓,植被丰茂、雨水充沛,漫山的白茶与竹林相间以及大量种植的板栗林与果林形成了具有溪龙特色的自然景观。

产业资源:项目所在地是以白茶闻名的溪龙乡黄杜村,该村以白茶为主要产业,形成了特有的茶田种植景观、生产景观,基地周边形成了白茶文化街、白茶文化展示馆、白茶会所等景观。

文化资源:安吉拥有悠久的茶文化、竹文化、名人文化以及古城文化,其白茶的种植、采摘与制作过程也受到重视。

依托现有资源,以"白茶之乡"为主题,将白茶产业、生态旅游、休闲娱乐、贸易交通作为主体功能构建产业完整的观光园。

园区主题策划以特色产业"安吉白茶"为核心,围绕白茶产业、茶文化,结合区域实际,保护现有良好的生态环境,提升园区品质,开拓休闲娱乐功能,开展生产体验活动,促进茶文化交流。园区主要以建设标准化白茶生产基地、打造白茶飘香观光园区、发展原生态茶园影视基地为基础,同时开展会所休闲、餐饮零售、农事体验等功能活动,一、二、三产业联合发展。安吉白茶观光园将白茶产业作为发展主题和核心吸引力,整体园区围绕白茶展开规划。

② 规划设计体现主题定位

集散接待区:规划宋徽宗文化广场。宋徽宗赵佶在《大观茶论》中写道:"白茶与常茶不同。其条敷阐,其叶莹薄,虽非人力所可致。"白茶观光园入口的文化广场通过对当地白茶主题的挖掘,体现产业文化特色。

白茶育种及栽培区:以白茶生产为主,采用现代化生产技术,同时作为对外展示生产科技的窗口,融合科普性与趣味性,以产业带动旅游业(图 3-4)。

茶文化展示区:深入展示白茶主题,展示区配套有帐篷度假酒店、白茶文化展示馆、生态影视基地、民宿等建筑及设施,新颖的度假模式结合了茶园、茶浴、茶艺、垂钓等休闲活动,茶园风情十足,为游客提供丰富多彩的度假体验。白茶文化展示馆主要向游客科普白茶品种、历史、制作工艺等内容。茶文化展示区主要以一、三产业联动开发的形式成为观光园的核心区域(图 3-5)。

茶山观光区:成片种植的茶山,随着地形起伏,形成了独特的大地景观。

安吉白茶观光园产业特色突出,主题策划明确,园区的规划设计紧扣白茶主题,高标准实现了高效生产、文化旅游的双重功能。

图 3-4　安吉白茶观光园景观

来源：http://www.xlx.zj.com/

图 3-5　茶文化展示区

来源：http://www.xlx.zj.com/

1.3　结构布局及功能分区

通过合理的园区结构和项目布局，有机融合农业特色与园林美学，在保证农业生产的同时为游客提供宜人的休闲环境。主要包括：对土地利用状况以及效益进行评估；对产业关联程度进行分析；对园区功能进行分析；规划体现"定性与定位"要求。产业的规划布局与园区空间布局、土地利用规划、景观系统规划相互影响，并且布局规划的同时要考虑农产品环境保障规划的要求。大部分的休闲农业以原有农场为基础，地块原有的结构组织与功能排布主要是满足生产需要，并不适用于旅游开发。所以，规划的前期首先需要规划其原有的种植肌理结构，注重果树、花卉等景观性较强的产业，根据种植产业的不同、形态效果及季相变化，着重突出季节特色，塑造显著的景观效应。

（1）结构布局

合理的布局规划，必须有利于产业的运行与发展，突出园区产业特色及推动产业发展，引导形成和谐高效的功能结构。

① 产业结构

产业规划以市场需求及自身区位和资源优势为导向，选择适宜的产业来实现休闲农业的产业化运营和发展。根据当地农业产业的市场分析与农业旅游市场调查，明确园区的主导产业与基础产业，规划在考虑农业产业分布的同时，重视休闲观光、娱乐度假等农业旅游功能在园区规划中的作用。休闲农业产业规划必须同时结合农业产业生产以及旅游服务业的要求。

如嘉定万金观赏鱼产业示范园，根据规划地区原有农业产业类型、市场需求导向确定以发展观赏鱼产业为主，以发展地区现有的种植业为辅，旅游规划基于产业之上（详见表 3-2，图 3-6）。

表 3-2　万金观赏鱼产业示范园产业分类

产业类型	项目
第一产业	观赏鱼养殖、传统渔业养殖、农业种植
第二产业	特色农产品加工、渔产加工
第三产业	餐饮休闲、旅游服务

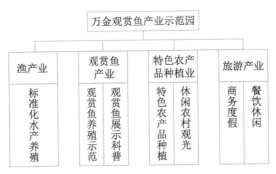

图 3-6　万金观赏鱼产业示范园产业结构图

② 空间结构

合理的空间结构是休闲农业健康发展的保障,首先需要在提炼分析基地立地条件的基础上对地形、地貌、水文等自然资源有充分的了解,继而根据休闲农业产业规划考虑休闲农业布局的核心、产业发展廊道、主要产业片区以及重点规划节点,确定休闲农业的空间格局。

休闲农业在空间结构配置时应当考虑斑块、廊道、基质的关系,其形成的空间格局应当满足配置优化的要求,从而实现景观空间格局的高稳定性。如嘉定万金观赏鱼产业示范园,基于场地现状以及产业结构规划了"一核、一环、三片、多点"的空间格局(图 3-7)。

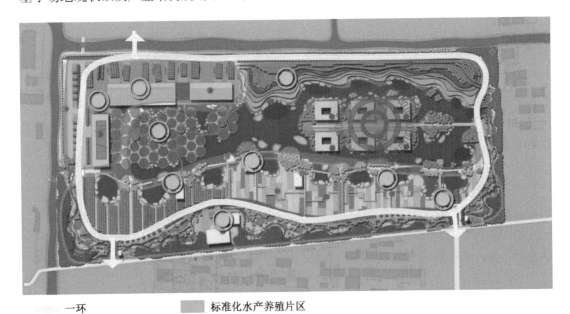

图 3-7　万金观赏鱼产业示范园空间结构图

(2) 功能分区

休闲农业的功能分区应当综合考虑立地条件、产业规划,一般分区包括:

① 农业生产区

农业生产区是休闲农业的主体部分。主要包括种植及养殖两大功能区：种植区，包括菜地、果园、茶园等；养殖区，主要包括畜牧养殖场地、渔业养殖场地，畜牧养殖场地可提供游人与动物亲密接触的场地，渔业养殖场地常可开展垂钓、摸鱼等游乐项目（如图 3-8）。

图 3-8　农业生产区景观

② 农业展示区

由于生产管理需要及开放要求有别，长期开放的生产区本身即为景点，若生产区某些区域不能够全面开放，则可设立专门展示区。展示区配有相应的讲解标识供游人参观学习。

③ 休闲游览区

在园区现有自然及人工条件下，运用景观设计手法，规划专门的休闲游览区。规划时需要注意：a. 游览区的规划应当充分利用立地条件，应尽可能展现原有的自然景观，在此基础上修建游览小径及观景小品等；b. 应当结合现有产业特色，提升专业性，规划特色的果园、花园等景观；c. 应充分挖掘考察基地的文化资源，结合当地民俗文化塑造特色景观（图 3-9）。

图 3-9　休闲游览区景观

④ 农业文化区

通过挖掘产业特色文化及当地的民俗民风等，向游客展示当地的农业文化，让游客在了解相关知识的同时传承传统农业智慧,形成良好的社会效益。农业文化也包括先进的农业技术知识,这部分文化的传播不仅可以扩展游客的知识面,还可以让农民了解先进农业耕作技术(图3-10)。

图3-10 农业文化区景观

⑤ 游乐区

游乐区中可规划设计儿童趣味活动、地域特色活动等项目。可建设:青少年素质教育区、民俗广场、娱乐活动区等。

⑥ 服务区

一般在靠近入口且地势较平坦的区域,规划建设旅馆、娱乐场馆等,满足住宿、餐饮及室内娱乐等要求。结合当地的自然资源及观光园类型,可布置更具特色的旅馆,如小木屋、露营帐篷、房车基地等。为配合中小学生实践学习的需要,可在服务区中设立专门的活动基地、教室及宿舍等。

⑦ 管理区

管理区是管理人员办公、生活的地方,一般自成一区或布置于综合服务区中。

(3) 案例分析——无锡鹅湖白米荡农业示范园

农业示范园位于无锡市锡山区。规划范围内面积共约700亩,其中约有400亩水域。基地中央为鹅湖的一部分,四周耕地环绕,经过规划后形成了一环七片的清晰产业分布格局。

① 产业结构规划

鹅湖镇白米荡农业产业资源丰富,盛产的"甘露"牌中华鳖、青鱼获得过江苏省著名商标,区域内特产有鲢鱼、鳙鱼、水蜜桃、葡萄、梨、大米等产品,白米荡可谓是名副其实的鱼米之乡。农业示范园以特色农产品生产为主导产业的同时利用天然山水格局的优势发展农业观光度假旅游(表3-3)。

基于立地条件及农产业发展方向,主要排布五片产业区:生态农林生产区、药用植物生产区、高效农作物生产区、标准化水产养殖区、生态休闲区(图3-11)。

表 3-3 鹅湖白米荡农业示范园产业分类

产业类型	项目
第一产业	水产养殖、农业种植、经济植物种植、林木种植
第二产业	特色农品加工、渔产加工、药用植物加工
第三产业	餐饮休闲、旅游服务

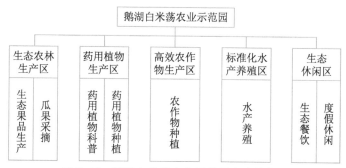

图 3-11 鹅湖白米荡农业示范园产业结构图

② 空间结构组织

根据场地立地条件、周围交通现状等要素,结合示范园产业结构,将鹅湖白米荡农业示范园空间结构组织为"双核、一环、多片区、多点"模式,并重点建设每个区独特的节点(图 3-12)。

③ 功能分区

示范园被划分为六个功能分区:田园风光区、特色植物园区、水产养殖区、生态采摘区、度假会所区、水上餐饮区,如图 3-13 所示。

田园风光区:分区保留了场地阡陌的江南水乡农田肌理以及场地内原有的乡村建筑,粉墙黛瓦的江南民宿映衬在农耕乐园中,以稻米产业生产为主,同时向游客展现田园风光;

特色植物园区:引种及科学栽培了大量的药用植物,既是标本园又为当地中药材研究提供了资料与场地;

水产养殖区:延伸白米荡特色的渔产业,以生产鳙鱼、鲢鱼为主;

生态采摘区:白米荡农业发展条件优良,园区内水蜜桃、樱桃、香梨为主要的水果产业;

度假会所区:与生产区域相隔绝的度假区,利用原有厂房、鱼塘等设施改造成水上运动活动场所;

水上餐饮区:利用核心的水系优势划分出岛中岛格局的餐饮区,船舫的形式使分区独立而又与田园相联系。

鹅湖白米荡农业示范园以种植业、渔业为主要产业,以稻田、花果林、药草园等形式呈现,在产业布局结构中,考虑到产业差异而聚集分类,形成相对独立的产业分区,每个分区根据自身产业特色调整景观结构,并且通过产业的聚集优化产业结构,统一规划生产设施以提高生产效率。同时,为了保持农产业与休闲产业之间的联系与相对独立,利用水系优势进行区域的隔离,又以主环路串联分区,兼顾了休闲功能与生产功能。

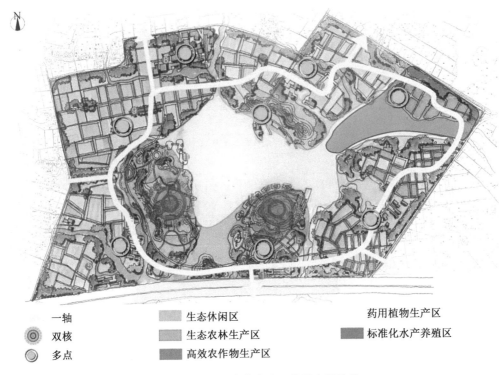

一轴		生态休闲区		药用植物生产区
双核		生态农林生产区		标准化水产养殖区
多点		高效农作物生产区		

图 3-12　鹅湖白米荡农业示范园空间结构

| 田园风光区 | | 水产养殖区 | | 度假会所区 |
| 特色植物园区 | | 生态采摘区 | | 水上餐饮区 |

图 3-13　鹅湖白米荡农业示范园功能分区

1.4　景观规划及项目策划

（1）景观规划原则

① 注重完善园区的产业与景观结构

规划、完善园区各功能区作为休闲农业景观设计的基础，产业分布结合景观分区，形成园区的景观系统。农业景观与自然景观由于自然因素及市场需求等客观因素而存在较大的不稳定性，因此需要进行长远的产业与景观结构规划使景观更加完善且持续稳定。

② 生产景观与其他景观的协调发展

休闲农业景观类型多样，大致分为三大类型：自然景观、人文景观及生产景观。恢复重建原有的自然群落、扩大人工植物群落、保留发展农业文化景观都是建设休闲农业的重要任务。所以，在进行休闲农业的景观规划设计时应当注重生产景观与其他景观的协调统一发展，既要考虑到产业景观的特性，又要考虑自然景观的提升及人文景观的传承。

③ 结合农业产业发展体验性景观

随着体验经济时代的到来，休闲农业的休闲活动除了要考虑满足游客休憩体验的心理需求外，更需要将自身特色融入其中，打造独特的游憩互动形式。农业产业的魅力存在于多个感官层次，在设计游憩活动时，可考虑从多感官着手，利用植物色彩、芳香、形态以及其食用功效、养生功效等满足游客对于农业旅游的体验要求。

（2）项目策划原则

① 避免过度设计，保证园区正常运营

园区内旅游项目的策划应当以不影响园区内的农作物种植和产业运作为基础，在保证"生产第一"的同时避免过度设计、过度改造和过度装备，应通过添加简易特色的游憩设施和景观处理，优化环境氛围营造，提升园区美学空间价值。若只是为了追求新奇的效果，在园区中设置大型游乐器械，不仅不能达到吸引游客的目的，而且不利于设备维护管理，造成生态干扰。

② 减少生态影响，强化保护意识

园区内部的产业配置、农作物分布均是经过专业人员的悉心设计，某些种植区应避免旅游项目的干扰，甚至禁止游人进入，特别是某些作物传粉季节更需注意。休闲农业所处地理区位的物种多样性较为丰富，生态环境良好，因而任何游憩活动都要降低干扰，以保障园区内各物种生长。

③ 针对市场需求，明确具体定位

a. 依照实践调查，确定观光农业园的主要观光人群，了解人群的家庭结构和年龄段，特别是青少年和老人。

b. 在了解人群构成的基础上，对游人倾向选择的活动进行研究分类，包含动态类和静态类的活动。

c. 充分尊重各地的地域特色和园区自身的风貌，避免"南树北移"带来的经济损失。如避免将水源充沛地区的游憩项目"移植"到干旱地区的园区，例如踩水车等水上游憩活动。

依据设计原则,具体项目的设立应依据各个园区自身资源环境的特点,搜集市场导向资料,合理统筹规划,使园区的项目策划在整个园区运作的统筹之下,产业与旅游业紧密结合,从而提高经济效益。

④ 注重项目丰富性和体验性

休闲农业的项目策划应该与内部资源相契合、与周边环境相结合,从而形成具体的活动项目,这些项目应当具备基本的休闲舒适体验、健康淳朴的生活方式、丰富的农业生活知识以及对自然生态的感恩之情。内容应涵盖游客的"游""购""吃""住""学""行",参考普遍性的项目分类方法,创立对休闲农业旅游项目规划及开展有指向性的项目分类(详见表3-4)。

表 3-4　旅游项目分类及主要项目形式

	游	购	吃	住	学	行
活动参与	农事耕种、畜禽喂养、垂钓捕捞	自采果蔬、畜禽产品、作坊产品、农家小食	农家菜肴、野炊烧烤	露营、农舍	农事工具制作、主题项目参与、民俗参与体验	步行,当地传统出行方式:牛车、马车等
观光展示	庙会、祭奠、传统歌舞、乡村景观	文化衫、纪念品、主题产品	特色美食街	当地传统屋宇、附属住宿设施	修身疗养	步行、观光缆车

2. 休闲农业景观特色营造方向

不同产业主导的休闲农业,其景观优势存在较大的不同,所以不同类型的休闲农业不能一味地运用同一套设计策略,而且不同产业主导的休闲农业自身特征也存在较大差异,应找准自身发展方向,有的放矢。例如以生产为主的休闲农业,其优势就是规模化的农业生产基地,如若一味地追求景观设施的网红化,甚至破坏生产基地,不仅不利于自身产业经营,还会丢失自身的特色,适得其反。而以旅游为主的休闲农业,如果不注重自身休闲活动的体验性,不注重创意的融入,也难以在如今的旅游市场长久立足。因此,不同产业主导的休闲农业在应用景观特色营造策略的时候,需要明确营造方向,时刻谨记要突出怎样的景观特征,根据自身资源与发展情况,合理运用景观特色营造策略。

2.1　以农业生产为主的休闲农业景观特色营造方向

(1) 更加突出生产性特色

以农业生产为主的休闲农业最典型的景观就是农业生产景观。农业生产景观分为传统农业景观和现代农业科技景观。无论是传统农业生产的纵横沟渠、垂直的生产性道路、网格状鱼塘、层层的梯田还是现代农业科技展现的幢幢温室、整齐的大棚、智能的温控设施、丰富的蔬果等,都是独一无二的景观特色。以农业生产为主的休闲农业在营造景观特色时务必保障休闲农业的生产便捷性,避免一味地学习公园景观、城市景观,要突出农业景观的生产性特色,保护并发展地域性产业。

（2）更加突出生活性特色

以农业生产为主的休闲农业一般包括村落聚居，我们在营造景观特色的同时务必要保障居民的生产生活，同时积极挖掘生产生活带来的艺术创意，用景观为居民创造和谐的邻里空间，促进熟人社会的发展，用原汁原味的乡土化生活化情景吸引游客，让游客自发地融入传统的乡村生活中，感受地道的风土人情。

（3）更加突出生态性特色

以农业生产为主的休闲农业要注重保护生态环境，野性的乡土植物、清澈的水体、原生态的山峦、多样的地形地貌，都需要进行完善的保护，以协调自然、人类、景观三者的关系。通过明确生态保护、保育和涵养的范围，建设廊道使斑块之间衔接，形成生态基底。以生态性营造原则为基础，促进自然景观独特性的形成。

（4）更加突出教育性特色

农业景观中包含着农村的历史文化、农村习俗、农业文化等，民俗文化和地方特色都印刻在农业景观中，如江南的水乡农业景观，西北游牧民族的农业景观等。文化为农业景观注入了精神内涵，也成为其独特魅力。休闲农业的景观塑造，要考虑农业文化及民俗文化的挖掘，将文化融入景观，深入展现农业景观的文化魅力，并通过自然教育途径，对游客进行科普教育与体验教育。

2.2　以旅游业为主的休闲农业景观特色营造方向

（1）更加突出审美性特色

以旅游业为主的休闲农业更注重景观审美性的营造，农业景观和自然环境是休闲农业的重要审美对象。无论是农田的肌理、农作物的色彩变换，还是山林的季节变化、空间的开放与闭合，都会让游客产生不同的审美感受。

（2）更加突出创意性特色

以旅游业为主的休闲农业，游客会更加注重休闲农业的创意性，可以利用现代科技，挖掘历史文化，增加体验趣味，打造农业景观的创意性。创意景观的营造更注重主题的统一，在主题上"大做文章"，而景观设施、体验活动、特色旅游产品则是展现文化创意最好的舞台。

（3）更加突出体验性特色

体验性与参与感是以旅游业为主的休闲农业景观特色营造务必要重视的部分。创造互动式景观、开发沉浸式体验活动有利于营造活动感受特色。由于休闲农业的体验性体现在"吃、住、行、游、购、娱"中，因此应打造"可欣赏、可互动、可享受、可回味"的全方位多方面体验。

（4）更加突出文化性特色

以旅游业为主的休闲农业，在打造具有鲜明特征的景观时，要充分挖掘和利用其固有的文化资源，提高其文化品位，促进文化资源的保护与发展。在休闲农业规划中，文化是一种强大的心理导向，为游客提供强有力、可持续的精神引导，也是促进休闲农业打造自身品牌，形成自身特色的重要体现。

3. 休闲农业景观特色营造方法

休闲农业的景观特色受自然环境因素、农业生产因素、乡村建成环境因素、历史人文因素及人的心理需求因素影响。因此,若想营造景观特色佳、游客感受新奇的休闲农业景观,则应把握自然资源、依托产业优势、挖掘人文底蕴、借助创意加分,在上述原则的基础上,对休闲农业景观进行优化提升,明晰其特色。

3.1 依托自然资源优势,打造亲近自然的特色乡野风貌

城镇化进程导致城市内部自然景观的破碎化,缺乏自然景观资源的休闲空间。与此同时,大量人口涌入城市,造成人口密度激增,人均绿地面积一直存在缺口,公共游憩用地面积远远满足不了人们的需求。因此,人们开始重新审视城市周边的郊区。休闲农业依托广阔的自然环境,十分具有优势,因此应该重视自然景观的独特性,打造亲近自然的特色乡野风貌。

(1) 保护生态环境,实现可持续发展

休闲农业生产经营、休闲体验等活动均以自然和谐共存为最高准则,必须遵循自然生态规律。在保护和开发过程中提高农业的开发和利用,以确保园区景观的完整性、原始性和生态性。在环境承载力允许的条件下进行开发,对休闲农业的规模进行控制,保证对园区内的农业环境、生态系统予以有效保护;对游客规模和活动方式进行控制,避免对园区环境的大规模、深层次破坏。

可持续发展是休闲农业自然景观特色营造中需要遵循的又一发展原则。首先,从自然资源可持续性的角度来看,在设计休闲农业景观的过程中要因地制宜,既要保护当地本土植物,又要考虑新物种的可能性,考虑其是否会对当地的生态环境造成影响,恰当地引进适合生长的新型植物,能够补充和创新自然肌理。其次,从经济的可持续性角度来看,对原有的乡村景观进行园林的改造、创新,对乡村文化的大力维护,其目的是增加经济效益,没有经济效益的休闲农业景观是不存在的。比如,以特色的文化主题吸引游客,以现代景观设施、休闲娱乐设施、体验设施进一步满足游客需要,可实现休闲农业景观的经济可持续性发展。

适当改善自然环境,打造景观审美独特性。例如人是天然的亲水生物,即使是人造的水景,也会成为景观"兴奋点"。所以,人们把水看作是一种正面的景观,如湖面、堤坝、沟渠、小溪、水塘等,在设计时要充分利用各种形式的水域特征,突出水体的自然景观。应该遵循生态化的设计理念,重视水体的利用与保护,既要保持生态走廊的功能,又要体现出水系的景观特点。此外,水中的鱼虾、水面上的野鸭、水岸上的沙鸥、水边的芦苇都是体现水体特色的景观元素,景观营造时要注意为野生动植物留出生存空间,共同构建水体乡野景观。例如,南京市江宁区大塘金村的水岸,在进行景观提升的同时保留了生态驳岸与水生植物,多样的植物与生态的驳岸还为各种水生生物提供了栖息环境,营造了多样共生的生物群落,维护了当地的生物多样性,如图 3-14 所示。

图 3-14 南京大塘金村自然水岸

（2）恢复乡土植被，挖掘植物内涵

近年来休闲农业与乡村旅游开展得如火如荼，但农村植物景观的配置打造却存在模仿城市公园绿化的情况，比如大量应用灌木球和绿化带等。而乡土植物具有自我平衡、自我更新与自我调节的能力，乡土植物的充分运用与乡土地带性植被的恢复是保护与提高乡土植物多样性的有效手段。因此在休闲农业景观特色的营造中，应充分利用本土丰富的乡土植物资源，模拟地区内乡土地带性植被，对已遭受破坏的自然植被进行恢复与重建；对群落结构简单、物种单一的植物群落进行改良优化，进而促进自然景观特色化，促进生态环境可持续发展。例如美国科罗拉多州 DBX 农庄（图 3-15），制定生态敏感性和可持续发展战略，利用乡土植物，保护本地植被，改善本地野生动植物物种的生存条件与生存环境。再如"乡愁贵州"田园综合体在进行植物景观营造时，优选当地沙朴、香樟、水麻、垂柳、含笑等乡土植物，延续了地域的自然景观风貌，如图 3-16 所示。

图 3-15 美国 DBX 农庄

来源：https://www.gooood.cn/2016-asla-dbx-ranch-a-transformation-brings-forth-a-new-livable-landscape-by-design-workshop.htm

图 3-16 "乡愁贵州"植物景观

来源：https://www.meipian.cn/2ej9vies

另外，在建立新的植物群落时，应尽量选择本地植物，并借鉴和模仿当地植物群落的构造，以达到提高植物多样性、稳定生态的目的。尽量减少对植物造型的干预，尽量避免修剪，以保持植物的天然形态,维护其特有的野趣情怀。种植乔木、灌木、草本、地被,形成复合型多层次的植物群落,再添加少量的观赏植物,使其可辨识度最大化。例如:贵阳清镇就最大限度地利用了乡土植物,完善了群落结构,补植色叶树种、草本花卉,增添了自然美感,如图3-17所示。

图3-17 贵阳清镇植物群落

来源:https://mooool.com/guiyang-crcc-cloud-bay-by-guangzhou-s-p-i-design-co-ltd.html

3.2 依托产业资源优势,打造创意多元的特色农业景观

农业景观作为农业文化重要的体现,其风貌特征对于整个休闲农业具有统领作用。田野风貌的打造主要可基于农业和旅游产业的具体内容予以确定。而农业景观风貌的展现一般具有两种形式,一种是以旷野迂阔、大尺度的方式展现,营造田园氛围,其一般对占地面积、周边环境等因素较为敏感;另一种田野风貌则以小尺度农业产品展示为主,可在小面积内利用丰富的植物品种营造宜人氛围,其对于周边环境及用地条件的要求较低。两种主要的田园风貌各具特点,在规划过程中,应结合特定环境条件和农作物类型予以布置。

(1)依托地域优势,发展特色产业

特色产业的本质是区域内最擅长的经济,具有比较优势的产业,最能适应并体现地域特点的竞争优势。例如铜陵市凤丹栽培已有1 600多年的历史,在清代时就已经发展为全国凤丹种植中心;1992年,被农业部确定为中国南方牡丹基地;2004年,"凤丹"被正式批准为原产地域保护产品。现在铜陵凤凰山风景区就以牡丹文化为主,打造了凤丹产业旅游胜地。再如位于黑龙江省齐齐哈尔市的飞鹤乳业观光牧场,其利用地处北纬47°的世界黄金奶源带的地域优势,建成了牧草种植、奶山羊示范养殖、乳制品加工、牧场体验、科普教育等一条龙的发展链条,颇受外地游客欢迎。同时休闲农业的景观特色营造,要紧跟现代农业科技的潮流。当今时代高科技化和信息化的广泛应用促进了传统农业的加速转型,园区要引进国内外最先进的农业科学技术,大力开发高新技术产业,建立高科技展览区,向游客科普温控工程、生物工程、电子工程等工程带来的传统农业转型。对于以农业生产为主的休闲农业,其要以保障正常的农业生产为主,利用产业景观,形成自身特色。如泰国小镇愿拼县(Suan Phueng)有一处农场(图3-18),其就以农作物种植景观闻名。立陶宛Farmers Circle农场在改造升级中,重新思考产业与景观的关系,将蔬菜产业与景观融为一体,如图3-19所示。

图 3-18　泰国小镇愿拼县农场

来源：https://www.gooood.cn/coro-field-by-inte-grated-field-co-ltd.htm

图 3-19　立陶宛 Farmers Circle 农场

来源：https://www.gooood.cn/farmers-circle-by-do-architects.htm

（2）基于农业产业，保护农业肌理

农业的肌理是农业景观的重要组成部分，对提升农业景观的辨识度、提升农业景观的美学价值具有重要意义。要根据当地的自然地理环境和农业的内涵构成，在充分尊重农业的原有特征的前提下，根据区域的大小、形状和位置的差异，合理地布局，创造出符合地方特色的农业景观格局肌理。在规划中，要注意层次协调、错落有致。对于历史悠久的农业景观，要延续其形态肌理，必要时对其肌理加以提炼、强化表达，以保留传统的农业特征、提高现代大众的审美情趣。如图 3-20 所示，三亚海棠湾水稻国家公园保留稻田肌理，用肌理线条营造景观特色。

图 3-20　三亚海棠湾水稻国家公园

来源：https://www.sohu.com/a/362791049_120054117

（3）结合农耕文化，强化农业色彩

农业色彩是农业景观最直接的视觉感受，在农业色彩的规划和设计中，既要根据当地的气候和土壤特点，又要考虑到当地的农耕文化和民俗风情。农业色彩搭配原则上强调植物的整体性，在强调颜色整体性的基础上，明晰色彩基调，塑造色彩多样却协调的独特美感。例如，荷兰库肯霍夫公园郁金香花海（图 3-21），这个花园不只是简单地把鲜花种在一起，而是将花朵与公园地势相结合,做好色彩搭配,让郁金香、风信子、水仙花等与水岸地形相互成景,形成赏心悦目的油画般视觉体验。再如泰国国立法政大学屋顶的有机农场(图 3-22),利用台阶、地势、种植池对植被进行了分级,多样的农作物形成了五彩缤纷的色彩景观。

图 3-21 荷兰库肯霍夫公园郁金香花海

来源:https://www.meipian.cn/23ce33ta

图 3-22 泰国国立法政大学屋顶有机农场

来源:https://mooool.com/thammasat-urban-roof-top-farm-by-landprocess.html

(4)依托产业特色,开发体验活动

以农业生产为主的休闲农业重视产业观光与农事体验,体验活动包括田园观光活动、农事体验活动、科普教育活动、餐饮购物活动、娱乐休闲活动。体验活动要融合农耕文化、乡土民情和地域文化,充分挖掘并运用,才能让游客耳目一新,回味悠长。随着时代发展,科技也为文化体验感受创造了新的途径。在策划参与性活动时,要注意融合产业特色。与当地文化与产业相关的体验活动是创造特色的重要手段。比如果园不能仅限于耕作体验、采摘活动等,更要拓展果品深加工、DIY 创意产品等特色体验;牧场养殖产业可以在与动物互动、挤奶等活动的基础上,延伸产业链,发展 DIY 式产品体验。例如台湾飞牛牧场,"冰淇淋摇摇乐"是将香浓的牛奶从水状搅拌成稠状,最后做成冰淇淋;"摇滚瓶中信"是在透明的玻璃瓶子里,把乳脂变成黄油。

以旅游业为主的休闲农业更应该以更高标准、更严要求评估和提升自身,以满足新时代游客不断升级的体验需求。休闲农业中的乐趣体验,除了要满足生理感受外,还要注意精神上的感受,通过打造景观的互动性,用简单、趣味的互动装置创造乐趣,提升游客的参与感、体验感和新鲜感。在视、听、嗅、味、触五个层面,充分地满足游客的心理需求,提升休闲农业的吸引力。但是要紧紧围绕休闲与农业两个维度,活动的体验不能偏航。例如阿那亚儿童农庄的海星花田(图 3-23),游客们可以利用场地上设计的互动提水装置,用池塘里收集的雨水灌溉蔬菜,这种结合机械、科技的创意举动,不仅可以满足植物的日常需水要求,更增强了游客五个维度的体验。阿那亚儿童农庄视觉上用农田植物打造了多彩的海星花田,潺潺的水流声、灌溉声唤醒孩童们探索的好奇心,植物的芳香气息让孩子们置身大自然中,叶片触感或细腻,或粗糙,互动装置的不同触感给了游客们新的体验感、幸福感及成就感。

图 3-23　阿那亚儿童农庄的互动装置

来源：https://mooool.com/anaya-childrens-farm-by-zt-studio.html

3.3　依托人文资源优势，打造富有内涵的特色乡土景观

在休闲农业景观环境设计中，对地方历史文化的尊重大致表现为三种方式：对传统文化的"活化"；对传统形式的借鉴；对传统文化的"再生"。休闲农业要打造富有内涵的特色乡土景观，需要从聚落景观、建筑景观、文化景观等多方面发力。

（1）优化聚落景观，体现乡土特色

聚落景观是人的聚居场所，是自然与人相互影响下最终形成的稳定的格局与场景，包括聚落肌理、聚落公共空间、聚落设施、聚落体验等方面。

对于聚落肌理，我们要保护其自然格局，如南京市浦口区的关口章和周庄，就根据《南京市传统村落（古村落）保护发展规划编制技术规程（试行）》的相关规定，进行了近期远期规划，不仅根据质量、功能、风貌、年限等对建筑进行了保护等级划分，还保护了其"三山夹两水"的村落空间布局，如图 3-24 所示。

图 3-24　南京市关口章村落格局

要遵循村民的生产生活规律,在尊重聚落原有格局的基础上,对聚落里的绿地资源进行整合,见缝插"绿"。对于聚落设施,第一类是聚落中生产生活里功能性强的设施,例如通行小径、溪边水车、菜圃围栏、水上石桥等。在进行景观特色改造提升时要注意保持其实用性,保留其使用功能,在此基础上进行乡土艺术的优化,如无锡田园东方水蜜桃小镇用瓦片做菜地和道路的隔断(图 3-25)。第二类是在村落公共空间利用展现地域特色、时代特征的老物件,打造生产生活场景,如无锡田园东方水蜜桃小镇用老式自行车与石磨搭配形成组景,如图 3-26 所示。

图 3-25　瓦片隔断　　　　　　　　　　　　图 3-26　乡土小品

（2）更新乡土建筑,保护村落风貌

乡土建筑受地域文化与自然地理环境的影响,在自然与人文的相互作用下呈现独具特色的乡土建筑景观风貌。但是随着时间发展,历经岁月洗礼,乡土建筑不可避免地受到摧残,可能存在一定的损坏,同时可能存在村民对原有建筑的改建或拆除现象,这在一定程度上破坏了整体风貌。所以在更新乡土建筑的时候,要对乡土建筑进行保护性更新。对建筑的更新主要有整体改造的全面更新及局部有机更新两类,应尊重居民生活习惯,并保护好建筑的原生环境,只有村民居住习惯,生活便利,乡土建筑才能更大限度发挥其功能性,体现其生活性,表现出特色性。例如苏州南厍(简村),以原始村庄为基底,以市政、景观、文化为抓手,通过设计改造、提档升级,形成良好的乡土建筑风貌,如图 3-27 所示。

图 3-27　苏州南厍乡土建筑风貌

来源:https://mooool.com/bai-xiangli-lushui-family-by-simple-photography.html

（3）协调建筑环境，提升观赏性

建筑与环境是相互成就的。不同的环境条件对建筑物的作用存在着显著的差异。例如四川山地民居吊脚楼、陕西黄土高原上的窑洞等独特的建筑形式，把建筑与地形、植被、气候等因素融合在一起，形成了一种和谐的景观，让人真正体会到建筑与环境"有机共生"的特质。因此，在进行建筑的创造和更新时，必须对建筑与周边的关系进行系统而细致的思考，力求使建筑与环境和谐统一。不仅要符合当地的地理环境、气候气象，更要注重当地的民族特色、风土人情，让建筑与周围的环境融为一体。例如泰国兰花农场（图3-28），建筑师选择利用原有建筑的旧结构进行建筑的翻新设计，用乡土材料竹子与植物兰花相互映衬，打造融于自然的竹制生态餐厅。

图3-28　泰国兰花农场竹制生态餐厅

来源：https：//mooool.com/arrom-orchid-by-studio-miti.html

但是对于缺乏乡土风情、地域文化的休闲农业来说，开拓设计具有审美性、主题性的建筑是十分必要的。例如匈牙利索斯卡酒庄的"精灵之眼"（图3-29），就以其非凡的建筑设计，将两个雕塑般的碗状结构放置在整个葡萄农场的中心，兼具美观性与实用性。美国格雷斯农场将建筑融于景观，如图3-30所示。

图3-29　索斯卡酒庄"精灵之眼"　　　　　图3-30　美国格雷斯农场建筑

来源：https：//mooool.com/sauska-winery-by-hom-　　来源：https：//mooool.com/the-river-at-grace-farms-
ologue-studio.html　　　　　　　　　　　　　　by-sanaa.html

（4）挖掘地域文化，渲染"情绪场"氛围

农耕文化是中华文化的母文化，农业兴则国家兴。而山东作为黄河流域的重要省份，农耕历史延续悠久，传承良好。各类农耕文化，如小农经济为主体的生产组织形式、精耕细作生产技术体系、"天人合一"的农耕思想、勤劳朴实的农耕精神品格等都是农耕文化的构成部分，需要加大挖掘。"情绪场"是游客在场所、环境中形成的一种特有感受。休闲农业的人文景观要为游客营造一种放松的、惬意的、感悟性的场所氛围。通过文化挖掘与系统构建，激发游客的全身心投入与积极参与。比如历史典故的展示、民俗民风的沉浸式融入、民族文化的感悟以及科技手段助力文化感受。要对民族文化进行充分的发掘，对地方信仰进行深刻理解，对民族的图腾进行保护，利用非物质因素、符号媒介强化地域认知，营造场景氛围，进而延续其文化。例如成都市都江堰田园综合体依托道家文化、水文化、中国道教四大名山青城山和著名的"都江堰放水节"吸引游客，如图 3-31 所示的八卦农田景观。

图 3-31　都江堰田园综合体八卦农田

来源：https://www.sohu.com/a/250690331_100189697

再如山东兰陵国家农业公园对当地的文化进行深入挖掘，打造文化特色。第一，圣人文化。儒家代表人物荀子曾出任楚兰陵令，后定居兰陵，葬于兰陵。荀子作为战国时期的思想家，在中国哲学史上有很重要的地位。其著作《劝学》是我们耳熟能详的文章，其中"青，取之于蓝，而青于蓝"等名言对后世仍有较强的指引作用。第二，美酒文化。美酒文化也是兰陵别具一格的地域特色。诗仙李白的诗词"兰陵美酒郁金香，玉碗盛来琥珀光"，让兰陵美酒闻名于世，名扬古今。而现在，兰陵美酒已经成为地方品牌，在国内享有盛名。第三，蔬菜文化。兰陵县蔬菜产业发达，与寿光齐名，被誉为中国蔬菜之乡，尤其是大蒜、牛蒡等蔬菜产业十分发达。第四，兰花文化。2015 年，兰陵县人大常委会经过研究，确定将兰花作为兰陵县县花，此举有利于打造地域名片，提升兰陵文化的认同感。兰陵国家农业公园也大力发展兰花产业，收集了 120 多种世界著名品种的兰花，仅幸福家园馆就种植 60 余万株。同时兰陵加大了对非遗文化的挖掘与应用。根据兰陵县人民政府发布的兰陵县非遗名录记载，兰陵县共有包括传统美术类、传统技艺类、传统音乐类、传统舞蹈类、曲艺类、游艺与杂技类、民间文学类、民俗类、传统医药类等九大类 88 项非物质文化遗产。尤其是兰陵美酒传统酿造技艺、蓝印花布印染技艺、苍山小郭泥塑、苍山民歌及猴呱哒鞭舞,是省级非物质文化遗产名录。兰陵国家农业公园代村所在地下庄街道,其刘氏狮头帽、王氏羽毛画、刘氏传统老酱制作技艺、董二草鸡、红绣盘扣、李氏石雕、易拉罐画、胡氏剪纸、春红剪纸、大成拳、芙蓉山系列传说、塔山传说及柞城系列传说,丰富了文化的展示内容,可以应用在文化景观营造、文化活动体验、旅游产品三大方面,如表 3-5 所示。

表 3-5　文化发掘与应用

文化发掘	应用方式
农耕文化	景观装置:水车、水缸、牲畜食槽、石墨、农具等展示,结合小品组景展示
	科普教育:农耕文化博物馆、农作物认知、视频讲解农耕历史进程、VR 体验农作物种植等
	体验活动:蔬菜栽培、施肥、除虫等过程体验
荀子文化	名言名片:"学不可以已"等名言警句
	典故雕塑:荀子雕塑、劝学典故雕塑
美酒文化	景观装置:对酒文化进行挖掘、形象化展示,例如景墙、文化馆、雕塑等
	酿造体验:亲子、情侣互动体验,DIY 制作"女儿红""状元酒"等寓意美好的酒产品
	旅游产品:兰陵美酒品牌产品售卖
蔬菜文化	科技展示:利用现状温室展示农业科技
	美食品尝:发展田间到餐桌的联系,开发生态绿色美食体验
兰花文化	文创产品:形成自身 IP,研发文创产品
	景观装置:利用兰花进行景观优化
非遗文化与传统技艺	活动表演:酒传统酿造技艺展示、蓝印花布印染技艺展示、苍山民歌及猴呱哒鞭舞歌舞展示
	景观装置:剪纸景墙、技艺小品雕塑、园区背景音乐等
	旅游产品:刘氏狮头帽、王氏羽毛画、刘氏传统老酱、兰陵美酒、苍山小郭泥塑等

3.4　依托创意融合特色,提升感受独特性

(1)景观设施融合主题风格

要实现景观设施的别具一格,必须从三个方面着手:① 休闲农业设施要突出主题。例如,台湾瑞穗牧场的围栏、垃圾桶、指示牌,乃至餐厅的碟子上都有漂亮的奶牛图案(图 3-32)。② 讲究材质的运用。例如莫斯科城市农场,就有许多木制的房屋、指示牌、吊床、座椅,这些都是经过精心雕琢而成的,造型古朴,材质环保,既能给人提供舒适、洁净的休息空间,又能让人领略到大自然的魅力(图 3-33)。③ 突出内容的个性化。例如,"工鸡园地"是指鸡群饲养的地方,"工鸡"是指工作的鸡,每天都要工作(健身、下蛋),以提供优质的鸡肉和鸡蛋。台湾旭日山庄,在鸡群频繁出现的地方,都挂着一块警告板,上面写着"小心飞鸡"。

这些趣味标识增强了游客对于场景的认知,也便于口耳相传,提升知名度。

图 3-32　瑞穗牧场的奶牛围栏

来源:http://www.hoya-spa.com.tw/touring_spots. aspx

图 3-33　莫斯科城市农场

来源:https://mooool.com/urban-farm-at-vdnkh- by-wowhaus.html

例如无锡市田园东方,依托于国内外驰名的水蜜桃特色产业,根据水蜜桃特色产业设计了"蜜桃猪"IP 形象(图 3-34),在蜜桃小镇设计了蜜桃猪乐园,为亲子提供无动力乐园与萌宠营地。园区内设计了众多蜜桃风格的主题建筑与室外小品,如图 3-35 所示,不仅形成了统一的主题,还强化了园区特色,加深了游客印象。

图 3-34　蜜桃猪 IP

图 3-35　蜜桃小品

(2) 乡土材料营造乡土风情

材料是传递信息的物质媒介。不同的乡土材料,在表达同样的风景形态时,会给人们带来截然不同的景观体验。

乡土材料是在自然条件下成长起来的,它们随周围环境条件变化较大,具有不同程度的适应性,时代愈久远其具有的乡土味愈浓,能构成地方特有景观。包括乡村生产生活常用的自然之物,如鹅卵石、黄土、乡土植物等;也涵括乡土的"物",如一些当地人日常使用的生活器具和工艺制成品,它们通过传统方式制作而成,被当地人用在工作、生活等诸多方面,具有较强的使用价值和地方特色,如在浙江乡村生活中常见的石桥、石磨、水井、小木船,捕鱼工具等器物。材料上以乡土材料为主,能突出景观的空间特征,以强化历史信息的可识别性。如杭州黄公望村所运用的石头、泥土、茅草等,取自当地,与乡村的土地肌理相适应,与自然环境相协调。传统方法的使用,凸显地域特色,延续时间特征,形成地方特色丰富、安定的具有统一感的景观;符合当地居民的审美习惯,提高居民的认同感,使人地关系具有协调性和联系性。

运用当地的材料及地方具有特色的施工工艺,能使景观营造有效地融入地域环境中,并能加强各景观单元之间的联系性。地方施工工艺在材质处理、细节处理上具有历史文脉的特征,使景观作品具有原生态的味道,对当地人们来说,容易取得认同感,对外地游人来说则容易产生深刻印象,如杭州黄公望村建筑采用黄土夯实的传统工艺。同时对乡村自然生态环境进行保护,对传统的建筑技术、文化进行保护和传承,营造不同于城市的具有自在感和舒适感的乡村。

乡土氛围的营造还可以加大对旧材料的重新利用。例如,运用瓦片等组成丰富多彩的"花街铺地"。王澍设计的中国美术学院象山校区建筑,外墙建材采用明清时期的"瓦爿",这是其一大特色,"瓦爿"是指利用旧砖瓦和碎缸片手工砌筑外墙,并且不抹粉灰。旧砖瓦多从各地旧城改造回收而来,既有建筑文化烙印,又具历史文化内涵。杭州西溪国家湿地公园道路铺装以及各节点的铺砖材料都是从乡村或城市中收集来的废旧材料,使新建景观获得了所不具有的历史韵味。

乡土材料的优点众多,但是在景观效果的表达上还是会受到限制,如竹制品使用寿命短,不能长期保持美观等,而新材料虽然充满现代感,但是在体现地方文化上稍显不足,一味使用还会造成村村一面的现象。如果将现代的新材料与传统的乡土材料相结合,两者可以取长补短、相互协调,不仅满足了现代审美要求,还延续了地域文化。例如南京乡伴苏家文创小镇,利用传统的碎石、红砖、木材,并结合现代材料亚克力板、发光灯带等,打造了全新感受的苏小星之夏小舞台(图 3-36)。再如湖州市埭溪镇茅坞村依山而建,竹林环抱,其村内景观营造就充分利用了竹材、石块,营造了乡土气息与现代时尚相结合的空间(图3-37)。

图 3-36　苏小星之夏小舞台

图 3-37　茅坞村一角

来源:https://mooool.com/bin-lin-cheng-%c2%b7-transformation-of-rural-residential-accommodation-by-no-studio.html

（3）旅游产品体现主题特色

将传统农产品注入科技文化内涵，不仅要融入文化元素，丰富文化内涵，还要结合市场需要，融入创意与设计，把农产品加工制成农业文化艺术品和深受游客喜爱的农业纪念品，让它承载更多的人文情感、文化内涵，赢得更多的市场认可，吸引更多消费者。可以从"吃"和"购"两方面下功夫。① 丰富饮食内涵。现代都市人民追求自然、原汁原味的"吃"，品尝乡村美食已成为人们选择休闲农业观光的重要目标。要不断地完善和提升旅游饮食文化，开发具有特色的菜品，以满足广大人民的"胃"。将传统餐饮、健康理念与地域资源相结合，深度开发，加工"乡味"美食，发展"乡情"服务。② 丰富旅游产品类型。要根据主题产业，多层次、多方位地发展休闲农业旅游产品，创意地开发农产品，不仅要改变产品包装，还要进行艺术加工和创意融入，从文化、设计、工艺等三个方面发展旅游产品。

我国台湾地区的文创一向很有创意，例如被称为"香蕉之乡"的高雄旗山，为了让游人领略蕉城的历史和魅力，推出了"蕉"点伴手礼，包括香蕉酥、香蕉饼、香蕉蛋糕、香蕉冰淇淋等香蕉小食。除了食品与香蕉有关外，还推出了众多生活用品，如香蕉毛巾、香蕉香皂等。同时创造了许多与"蕉"相关的词语，如"蕉"好运、"蕉"朋友等。这种理念不仅是对香蕉文化的一种创新，更能让参观者体验到创新的快乐。

无锡田园东方在旅游产品方面一直别出心裁。在"田颜蜜语"文创产品店里，展示和售卖各种与蜜桃相关的产品。包括蜜桃酥、蜜桃酒、阳山水蜜桃、桃胶、蜜桃乌龙茶等各种食品；包括DIY手工制作，用榛子、橡果、松果等装饰的手工产品；还包括水蜜桃衍生的蜜桃猪IP玩偶、帆布包、草帽、杯子、手机壳、笔记本等文创产品（图3-38）。

图 3-38　田园生活馆内旅游产品

（4）体验活动展现多元创意

体验活动还需结合创意，利用自身优势资源，用创意提升活动趣味性与多样性。

四时美景不同，合理利用季节优势，打造景观特色。春天可以开展花卉活动，如油菜花开时可以举办插花创意大赛、菜籽油榨油活动；郁金香花开时可以举办主题花展，联合中小学举办户外写生绘画记录春天等活动，扩大活动影响力。也可以结合农田土地，开展农田耕种、认领农田等活动。夏日炎热，可以开展一系列水上活动，例如荷塘月色摄影节、荷塘泛舟；荷花凋谢后开展采莲日、我是小小挖藕人等亲子互动活动；还可以开展抓螃蟹、钓龙虾等趣味活动。夏季麦子成熟后，可以组织附近中小学开展割麦子、创意稻草人主题活动，增加学生农耕文化知识，展现新生代创意力量。秋季利用园区内的农业资源，开展摘柿子、摘苹果等活动;可以赠予游客落叶收集手册,使其在游览的过程中提高收获感;向日葵、玉米等不仅是壮观的产业景观,经过规划梳理还可以形成趣味的秋季限定迷宫。冬季要突出"年味",目前春节前的年货大集颇受游客欢迎,并且可以保留贴春联、包饺子等民俗活动;春节期间结合灯光,开展主题灯会等活动。

利用创意,打造全年的丰富有趣的体验活动。全年来看,刨除季节影响,可以结合文化、创意开展以下活动:亲近自然生态、文化科普、野营聚会、泥塑家养成记、梦想农国护照集徽章活动、非遗文化体验等。还可以结合网络热点及当下流行趋势开展活动,例如互联网农业的异军突起,就是赶上了网络游戏开心农场的浪潮,抓住了玩家对收获的喜悦与期待性心理,创造性地将社交网络与现实土地结合,以一种新鲜时尚的形式出现在大众视野。这需要休闲农业管理方多多搜集国内外优秀案例,将创意与自身资源相结合,打造独一无二、创意多元的体验活动。

第四章

设计实践案例解析

本书前期理论研究中将休闲农业划分为以农业生产为主和以旅游业为主的两种业态，以便在营造农业景观时能各有侧重，突出特色。由于休闲农业类型多样，存在的载体形式多样，因此在具体的设计实践中，要根据其特点选择合适的营造手法，因地制宜，灵活运用。本章的案例都是近些年编者主持的实践项目，有典型观光园类型的休闲农业景观营造：盐城兰花博览园；有现代农业科技示范区类型的特色养殖业和种植业项目：盐都台创园鸽子博物馆和第十届中国月季展览园；有结合村落环境整治的农业综合类项目改造：盱眙黄庄环境整治；有结合休闲游憩和农旅创意的生态牧场项目：宿迁华腾猪舍里；有农业主题乐园项目：淮安乐田小镇。每个项目的休闲农业类型各不相同，各具特色。

1. 盐城兰花博览园

该案例为江苏盐城兰花博览园景观规划设计，设计场地位于盐城盐都台湾农民创业园内，属于以农业生产为主的产业观光类项目。盐城兰花博览园是以蝴蝶兰品种研发、定向出口生产为主，兼具兰花文化展示与休闲游赏功能的花卉产业观光园。本项目的目标是通过科技农业、创意农业等手段，以农业产业带动旅游发展，力求打造华东最大的蝴蝶兰生产出口基地和国内知名、国际上有一定影响力的兰花文化博览园。

其休闲农业景观营造特色主要集中在以下几个方面："生产＋观光＋展销"的一体化营销模式拓展了产业链条，利用物联网技术进行规模化、组团式生产；注重创意农业发展，以高端花卉生产营造品牌；融入兰花文化，申办"兰展"，设置博物馆。此外，大力发展旅游观光，通过合理安排花期和活动项目，为不同年龄层次的人群提供相应的休闲活动，如儿童科普、青年摄影、中老年兰花养殖交流等，实现全龄段休闲。在景观设计上，将蝴蝶兰的形象进行艺术抽象，局部景观可呈现出蝴蝶兰花瓣的造型。项目最终实现生产与旅游并举，完成由简单观光向休闲体验、旅游服务的升级转变。

1.1 项目背景

1.1.1 兰花

兰科植物俗称兰花，是被子植物的大科之一，全世界约有 700 属近 20 000 种，广泛分布于除两极和极端干旱沙漠地区以外的各种陆地生态系统中,特别是在热带地区,兰科植物具有极高的多样性。我国兰科植物有 171 属 1 247 种以及许多亚种,与菊科、禾本科、豆科并列为国产被子植物四大科之一。

兰花主要有观赏价值、食用价值、药用价值。自古以来中国人民爱兰、养兰、咏兰、画兰,古人曾有"观叶胜观花"的赞叹。人们更欣赏兰花以草木为伍,不与群芳争艳,不畏霜雪欺凌,坚忍不拔的刚毅气质,正所谓"芝兰生于深林,不以无人而不芳"。兰花历来被人们当作高洁、典雅的象征,与梅、竹、菊一起被人们称为"四君子"。

1.1.2 兰花产业发展概况

世界兰花产业已经形成了以中国大陆地区、中国台湾地区以及欧美地区为主的"三足鼎立"的格局。

(1)中国大陆地区兰花产业

中国大陆以"低廉的生产成本、强大的生产能力及潜在的巨大消费市场"等优势成为国际蝴蝶兰产业最具竞争力的地区之一。中国大陆地区蝴蝶兰产业起始于20世纪年代末,蝴蝶兰作为一种高档花卉由台湾地区引进祖国大陆,迅速成为市场宠儿,当时一株蝴蝶兰的售价高达一两百元。

随着大陆地区蝴蝶兰产业链的逐步形成,有实力的大企业会越做越大,形成科研、育种、生产、贸易等一体化的大型蝴蝶兰专业公司,产业细分的趋势将随着蝴蝶兰产业的发展越来越明显。而随着蝴蝶兰产业区域化和专业化布局的发展,蝴蝶兰产业的发展进入稳定提升阶段。

目前大陆地区蝴蝶兰产业专业化和区域化布局初步形成了以广州、浙江、福建、上海、江苏等南部沿海发达城市为中心的生产区域和以京津地区和山东等北部发达省市为主的生产区域。蝴蝶兰产业由沿海发达地区逐渐向中西部地区扩展、由一线城市向二、三线城市延伸,是近年来蝴蝶兰产业结构调整的必然趋势。

近年来,江苏盐城市积极推动当地国兰产业发展,目前该市已培育了春兰、蕙兰、春剑、墨兰、寒兰、送春等不同系列20多个品种,兰花产业初具规模。但是盐城水土环境并不适宜养兰。面对不利因素,兰花爱好者通过探索、借鉴,研发出养兰的科学方法,并通过人工杂交等技术,培育出具有自主特色的新品种。为了提高当地养兰人的技术水平,盐城市兰花生产者成立了兰花协会,多次举办兰花栽培培训课、邀请专家授课,并在网上进行技术知识指导。同时当地采用"公司+基地+农户"的方式,引导扶持众多人员,利用房前、屋后、庭院、阳台等地方种植国兰,养兰队伍不断扩大。盐城注重弘扬国兰文化,如每年在盐城市人民公园主要广场举办兰花展,当地兰花生产者还积极参加各种兰展。

(2)中国台湾地区的兰花产业

中国台湾地区的兰花产业拥有"丰富的种源和强大的育种能力"以及早期建立起的国际行销渠道等优势而称雄国际蝴蝶兰产业(表 4-1)。

(3)欧美地区的兰花产业

欧美地区的兰花产业以荷兰为代表。荷兰凭借原有"花卉王国"的基础、标准化和自动化的现代农业技术以及欧盟体制下的欧洲市场等优势大力发展蝴蝶兰产业,成为国际蝴蝶兰产业的后起之秀(图4-1)。

表 4-1　我国台湾地区兰花产业现状

生产面积	生产面积超过 565 ha
主要栽植区	主要集中在台南和嘉义区
主要栽植种类	蝴蝶兰、文心兰、蕙兰以及其他兰花,如石斛兰、兜兰,卡特兰也有少数专业栽培区
主要企业	我国台湾地区有兰花生产企业83家,遍布台湾全岛
附加价值	台湾成功大学利用产学技转,研发出兰花香水、兰花保养品,近期又推出岛内首创的兰花酒,让花卉入餐,并设计兰花饰品,借由生物科技与文创的结合,将台湾地区意象表现得淋漓尽致

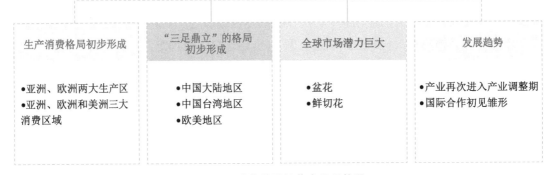

图 4-1　欧美地区兰花产业现状图

1.1.3　项目区位

项目位于江苏省盐城市盐都区。盐城市位于长三角北部,是沪、宁、徐三大区域中心城市300 km辐射半径交会点,同时处在长三角经济圈龙头城市——上海两小时经济圈内。盐都区,是江苏省盐城市市辖区之一,位于江苏中部偏东,地处江淮之间,里下河腹部,新洋港上游。盐都区下辖8个镇、4个街道、1个国家级高新技术产业开发区、1个国家级台湾农民创业园(台创园)和1个省级旅游度假区。

项目处于盐城市盐都区双新大道城乡统筹示范带,东接新城区,西连大纵湖旅游度假区,距离大纵湖4A级风景名胜区仅10 km左右,距盐城市区大约40 min车程,地理位置优越,交通便捷,区位优势明显(图4-2)。

1.1.4　上位规划研究

近年来,盐城市盐都区坚持以科学发展观为统领,秉持"科学发展、生态先行"的理念,围绕"村庄田园生态化、产业园区高效化、生态农技集成化"的"三化"要求,积极调整农业结构,加快发展生态景观型、体验参与型、高效设施型、旅游度假型和特色精品型农业,持续推进产业结构调整和产业发展转型,全力推动盐都区生态农业加快发展。

在农业发展规划上贯彻新理念,在粮食生产能力上挖掘新潜力,在优化农业结构上开辟

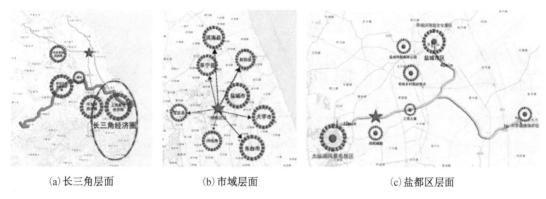

(a)长三角层面　　　　　(b)市域层面　　　　　　(c)盐都区层面

图 4-2　项目区位

新途径,在转变农业发展方式上寻求新突破,在促进农民增收上获得新成效,在建设新农村上迈出新步伐,为经济社会持续健康发展提供有力支撑。

　　盐都区生态资源、人文资源丰富,地域、区位交通优势明显,近几年盐都区旅游业发展迅速,成绩显著,但也存在着不足,主要包括以下几个方面:旅游资源虽丰富,星级乡村旅游点数量也很多,但资源较分散,景区主题策划不够,尚未形成核心产品、个性产品和精致产品;部分旅游景区经营体制机制活力不够,需要进一步创新、解放思想;既要加强政府主导,又要实施市场运作,鼓励社会资本投入,引进全国知名策划公司、大企业集团、知名景区管理公司加盟,助推盐都区旅游业发展;有些镇(区、街道)还没有把旅游业提升到支柱产业的高度上来,发展旅游业的合力还未形成。目前,盐都区旅游管理队伍薄弱,从业人员素质不高,服务水平低,缺少懂旅游的专门人才、市场营销人才,影响了全区旅游业策划、开发、管理等总体水平的提升。

　　盐城台创园是融入台湾地区特征、彰显盐城特色的盐台农业合作集聚区、都市现代农业样板区、农业科技创新先导区、休闲旅游农业观光区、统筹城乡发展示范区。图 4-3、图 4-4分别为盐城台创园功能分区规划图和盐城台创园花卉苗木产业区项目指引规划。

1.2　场地分析

1.2.1　基地区位

　　基地面积约为 58.5 ha(880 亩),南侧紧邻双新大道(省道),郭李线(乡道)贯穿场地,基地周围河道纵横,分布有大量农田。场地西侧与成家庄、吴成村相邻,东侧与民强村相邻。周围 1.5 km 范围内分布有盐城盐都台湾农民创业园、江苏翡翠湾花卉交易中心、圆山农场(图 4-5)。

1.2.2　外围用地

　　基地位于盐城盐都台湾农民创业园区内,根据《江苏省盐城盐都台湾农民创业园总体规划(2013—2030)》,基地周边分布设施果蔬生产区、花卉苗木产业区、台创园管理服务中心、水产生态养殖区、循环农业示范区。场地内被郭李线分为东西两块,东部处于规划的花卉苗木产业区中的农产品交易市场,西部处于规划的设施果蔬生产区范围内(图 4-6)。

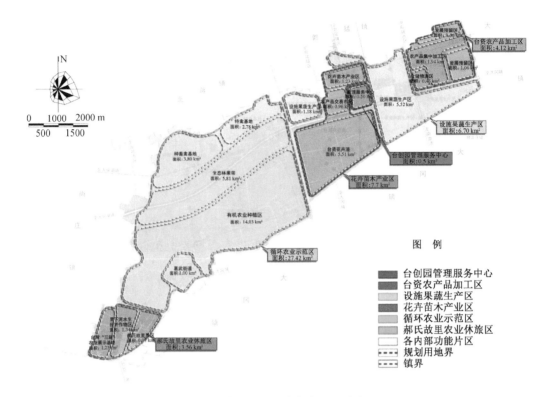

图 4-3　盐城台创园功能分区规划图

分区	主体功能区	面积/km²	主要项目
台创园管理服务中心	管理服务中心区	0.5	综合服务中心，关心街台湾特色商业街，游客接待中心
花卉苗木产业区	农产品交易市场区	0.96	花卉交易区，温室大熊苗木交易区，园林景观园交易区，蔬果交易区，市场办公区及综合配套
	花卉苗木产业区	1.22	香草植物园
	台资花卉港	5.51	花卉苗木展示中心（翡翠湾），花卉生产区，名优花卉苗木播区，园艺组培中心，盆景基地，阳光花卉温室，苗木生产区

图 4-4　盐城台创园花卉苗木产业区项目指引规划

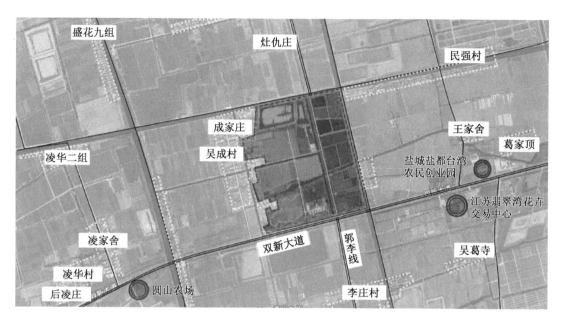

图 4-5 基地区位分析图

图 4-6 外围用地分析图

1.2.3 各因子分析

（1）建筑、构筑物

场地内建筑设施主要有：生态餐厅，目前正在投入使用；村委会办公建筑；生产温室，以生产蝴蝶兰为主。场地南侧有两处建设用地，面积分别约为 20 亩、10 亩（图 4-7）。

（2）道路交通

场地外南接双新大道。双新大道是通往大纵湖景区的主要通道，也是场地内部人流的主要来向。郭李线宽9 m，南北朝向，贯穿整个场地。场地内部道路根据性质的不同，分为主要道路和次要道路。主要道路宽5 m，是场地内生产性道路；次要道路宽2.5 m，是场地内游憩性道路，场地道路系统横竖交叉，需要合理地进行调整（图4-8）。

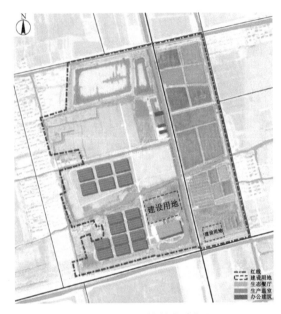

图4-7　建筑、构筑物分析图　　　　　图4-8　道路交通分析图

（3）竖向、水系

竖向分析：南侧双新大道标高高于场地内部地面1～2 m，场地内部地形较为平坦。

水系分析：场地内的水系把基地分割成各个小块，南北朝向和东西朝向各有一条水系贯穿整个场地，设计时需要对现有水系进行改造利用，营造滨水景观，增加景观的灵动性（图4-9）。

（4）绿化

场地外侧双新大道道路绿化植物长势良好，作为搭配丰富的绿化屏障可以减轻外部对场地内部的影响。场地内部植物树种单一，由于长期缺乏管理，局部地区植物生长杂乱，配置方式单一，观赏性不高（图4-10）。

1.2.4　SWOT分析

现分别从优势（strengths）、劣势（weaknesses）、机会（opportunities）和威胁（threats）四个方面对该项目进行全面的分析。

（1）优势

靠近港口，便于发展国际贸易；兰花产业由沿海地区逐渐向中西部地区扩展、由一线城市向二、三线城市延伸；是全市唯一的国家级台湾农民创业园。

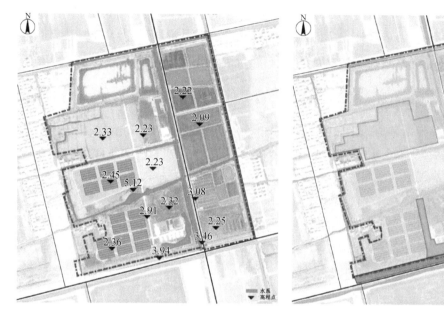

图 4-9　竖向、水系分析图　　　　　　　　　图 4-10　绿化分析图

（2）劣势

非兰花主栽区，需要一定的技术支持；盐城不适合兰花露天栽培，基础设施建设任务艰巨；园区地势平坦，不利于不同植物的生长；较其他地区同产业起步晚，市场占有率低。

（3）机会

兰花产业发展迅速，市场空间巨大；当前"生产＋观光＋展销"的一体化营销模式较少应用于兰花产业园，是发展的契机；在政府扶持下能够快速打开国内外市场，提升市场占有率；旅游市场繁荣。

（4）威胁

兰花产业园较周边企业起步晚，知名度低；如何发挥自身特色、塑造独特形象是一个很大的挑战；与周边同类型项目存在竞争。

1.3　规划构思

1.3.1　发展定位

盐城兰花博览园以蝴蝶兰品种研发、定向出口生产为基础，以生产带旅游为目标，以科技农业、创意农业为手段，立足苏北、面向长三角、辐射全国，努力打造华东最大的蝴蝶兰生产出口基地和国内知名、国际上有一定影响力的兰花文化博览园。

1.3.2　发展策略

（1）高端生产、行业拓展

物联网技术支持、组团式、大规模；通过举办行业活动如申请举办"兰展"等活动提升盐城兰博园的知名度，汇聚人气。

（2）精品旅游、多维视角

注重发展科技农业、创意农业，以高端花卉兰花生产营造品牌，定位上从单纯生产向生产与生态旅游并举转变，从简单观光向休闲体验、旅游服务转变，满足不同年龄层次人群的需求。

（3）主动错位、联动发展

旅游活动的开展依据自身资源特色在季节安排上与同类型项目形成错位发展态势。规划以春季花市为龙头，秋季为重点，日常周末为补充，合理组织花期和活动项目，并与盐城西线旅游龙头资源大纵湖联动发展。

1.3.3 项目策划

以兰花为主线，纵横拓展，形成三大系列旅游观光项目，主要面向四大市场。

三大系列旅游观光项目：

（1）产业基础类

蝴蝶兰组培研发、生产温室、品种展示、月季园等。

（2）主题延展类

兰博馆、兰文化广场、兰苑、左岸花海、十大名花园、亲子花园、蝴蝶探索小径等。

（3）配套服务类

生态餐厅、展示交易中心、花市等。

四大市场：少年儿童——科普体验；青年——观光游览、婚礼、摄影；中年——高端体验、兰友、书画友；老年——养老。

1.4 规划方案

1.4.1 总体布局

（1）设计构思

蝴蝶兰花冠由3枚萼片与3枚花瓣及蕊柱组成。将蝴蝶兰的形象进行艺术抽象，运用于方案构形中，使整体构形呈现出蝴蝶兰花瓣的造型（图4-11）。

（2）总平面图

项目总平面图在上述规划构思的指导之下，以现状为依托，以所需功能为依据，得到下图的规划成果（图4-12）。

（3）鸟瞰图

项目整体鸟瞰图如图4-13所示。

（4）空间结构

形成"一心、两轴、三片区"的总体空间结构：一心指由兰博馆、兰花广场、创意展示馆、兰苑、书画苑组成的核心景观区；两轴分别为水系花海景观轴、展示景观轴；三片区包括十大名花园片区、亲子花园片区、综合服务片区（图4-14）。

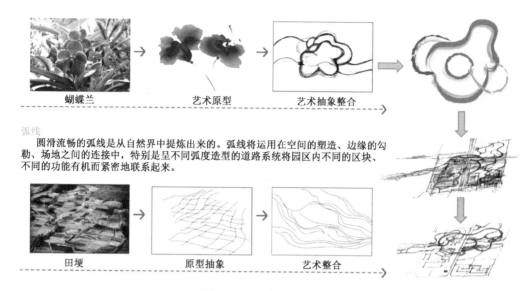

弧线

　　圆滑流畅的弧线是从自然界中提炼出来的。弧线将运用在空间的塑造、边缘的勾勒、场地之间的连接中,特别是呈不同弧度造型的道路系统将园区内不同的区块、不同的功能有机而紧密地联系起来。

图 4-11　设计构思演变图

01 兰博园标识
02 展销中心
03 游客中心
04 停车场
05 生态餐厅
06 书画院
07 组培中心
08 兰博馆
09 兰桥
10 创意展示馆
11 兰苑
12 景观栈道
13 月季花园
14 月季庄
15 牡丹亭
16 水库风车
17 亲子花园
18 生产温室
19 左岸花海
20 蝴蝶小径
21 员工生活区
22 名花长廊
23 兰花广场
24 垂钓中心

图 4-12　总平面图

图 4-13　鸟瞰图

（5）道路系统

道路进行分级设计：主要道路宽 8～9 m，沥青路面，通大型车辆，满足全园生产需要；次要道路宽约 5 m，混凝土路面，可通车，满足片区生产需要；园路宽 2.5～3 m，压花混凝土或铺装面层，可通观光电瓶车；游步道宽 1.5～2 m，铺装面层，不通车；空中栈道宽约 3 m，钢结构，人行观光道（图 4-15）。

1.4.2　分区设计

全园共分为五个功能片区，分别为：展示交易区、组培研发区、观光游览区、兰花生产区和综合服务区（图 4-16）。

图 4-14　空间结构

图 4-15　道路系统图

图 4-16　功能分区图

（1）展示交易区

展示交易区占地面积约为 2.8 ha，平面图如图 4-17 所示。其中展销中心面积约为 8 000 m²，花卉超市面积约为 4 000 m²，生态停车场面积约为 7 000 m²。

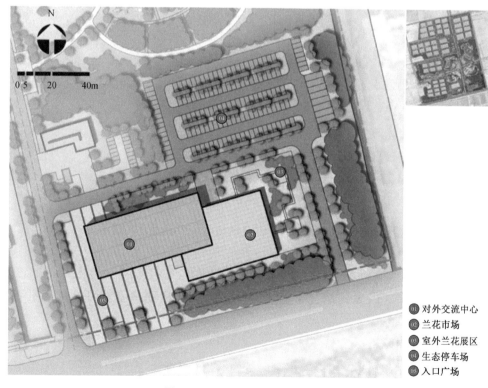

图 4-17　展示交易区分区平面图

图 4-18 展销中心效果图

图 4-19 入口效果图

① 展销中心：位于该区的入口广场处，建造风格为简约现代风（图 4-18）。

② 入口：标志物笔直矗立在入口处，宏伟大气，简约明了（图 4-19）。

③ 道路：该路段为郭西路，现状路宽约 9 m，设计将其拓宽至 17 m，保留中间 9 m 宽的车行道，两边各设计 2 m 宽的绿化带、2 m 宽的人行道（自行车道）（图 4-20、图 4-21、图 4-22）。

（2）组培研发区

组培研发区是由组培楼、兰博馆、书画院等围合形成的园林式建筑院落，其中组培楼及配套建筑面积约为 6 000 m²，兰博馆面积约为 1 300 m²，书画院面积约为 700 m²（图 4-23）。

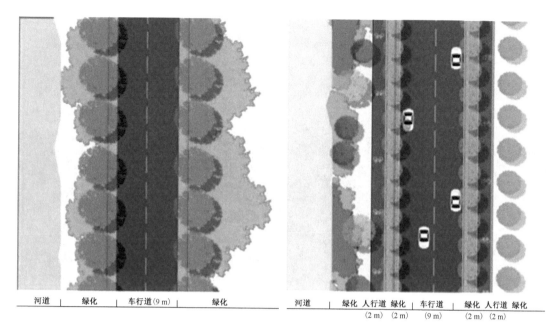

| 河道 | 绿化 | 车行道(9 m) | 绿化 |

| 河道 | 绿化 (2 m) | 人行道 (2 m) | 绿化 | 车行道 (9 m) | 绿化 (2 m) | 人行道 (2 m) | 绿化 |

图 4-20 主路平面图

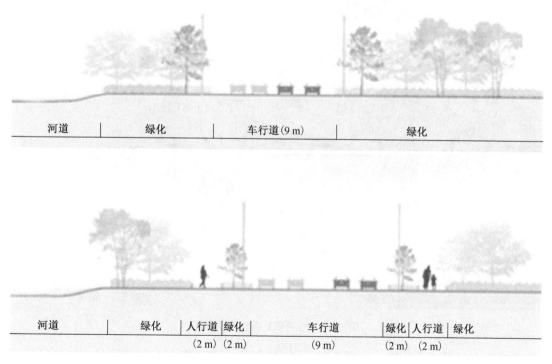

| 河道 | 绿化 | 车行道(9 m) | 绿化 |

| 河道 | 绿化 | 人行道 (2 m) | 绿化 (2 m) | 车行道 (9 m) | 绿化 (2 m) | 人行道 (2 m) | 绿化 |

图 4-21 主路剖面图

图 4-22　主路效果图

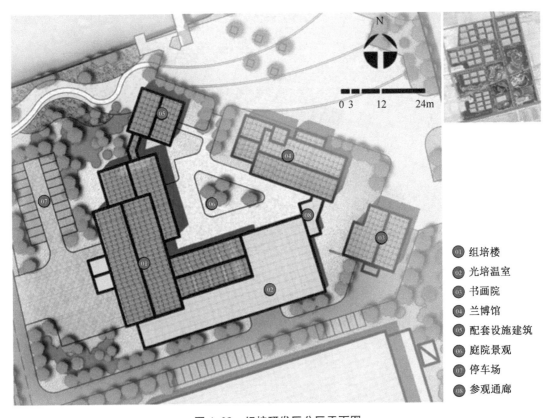

① 组培楼
② 光培温室
③ 书画院
④ 兰博馆
⑤ 配套设施建筑
⑥ 庭院景观
⑦ 停车场
⑧ 参观通廊

图 4-23　组培研发区分区平面图

　　道路:该路段为原生态园内主干道,现状路宽 6 m,路边各种植两排香樟。设计将其拓宽至 14 m,中间 8 m 为车行道,两边各有 3 m 人行道,两边各保留一排香樟(图 4-24、图 4-25、图 4-26)。

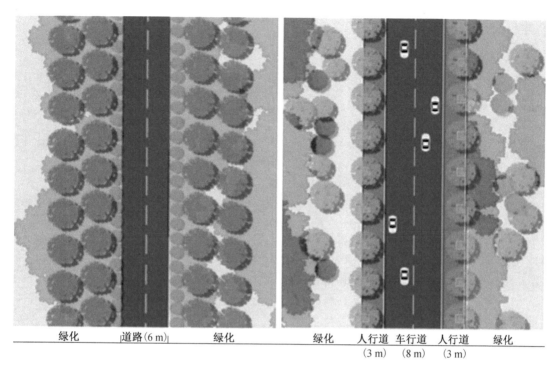

绿化　　　道路(6 m)|　　绿化　　　　　绿化　　人行道 车行道 人行道　　绿化
　　　　　　　　　　　　　　　　　　　　　　　　（3 m） （8 m）（3 m）

图 4-24　主路平面图

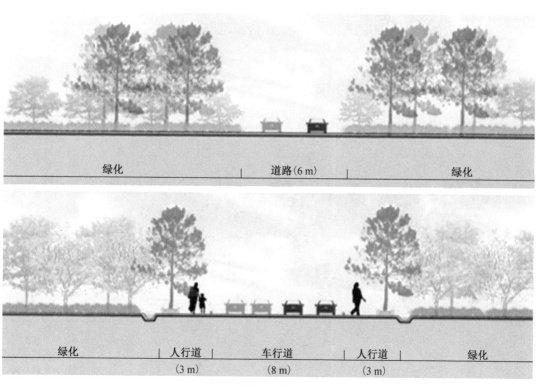

绿化　　　　　　　　　　道路(6 m)　　　　　　　绿化

绿化　　　| 人行道 |　　车行道　　| 人行道 |　　绿化
　　　　　　（3 m）　　（8 m）　　　（3 m）

图 4-25　主路剖面图

图 4-26　主路效果图

（3）观光游览区

该区为全园核心景观区，总面积约为 16 ha，全区分为游客中心、兰博馆、左岸花海、兰苑、十大名花园、亲子花园几部分（图 4-27）。

① 游客中心：总面积约为 0.4 ha，其中建有 460 m² 的游客中心、电瓶车停车场、小型集散广场等景观设施，以满足不同游人的需求（图 4-28、图 4-29）。

图 4-27　观光游览区分区平面图

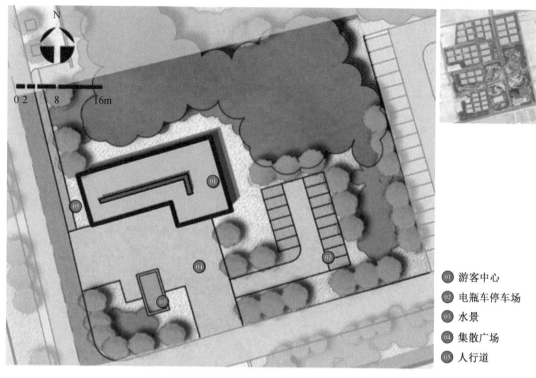

图 4-28　游客中心平面图

01　游客中心
02　电瓶车停车场
03　水景
04　集散广场
05　人行道

图 4-29　游客中心效果图

②兰博馆:兰博馆为一个局部两层的园林式建筑,总面积约为 1 300 m²,入口前为特色兰花广场及兰桥,书画院为两层坡屋顶园林建筑,总面积约为 700 m²(图 4-30、图 4-31)。

③左岸花海:园区左侧沿河布置花带,面积约为 4.5 ha,花带中设有蝴蝶小径,水边设有亲水栈道、垂钓平台等(图 4-32、图 4-33)。

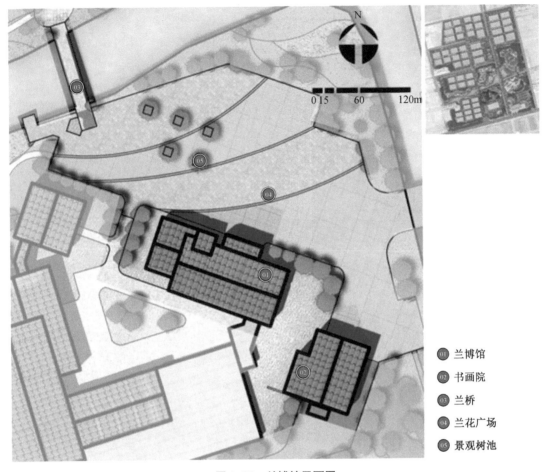

01	兰博馆
02	书画院
03	兰桥
04	兰花广场
05	景观树池

图4-30 兰博馆平面图

图4-31 兰桥效果图

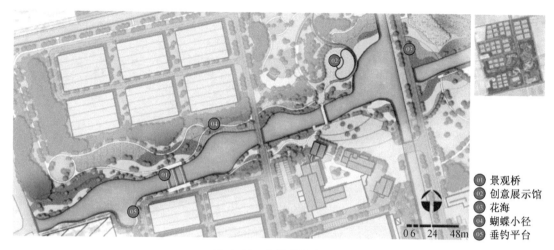

01	景观桥
02	创意展示馆
03	花海
04	蝴蝶小径
05	垂钓平台

0 6   24   48m

图4-32   左岸花海平面图

图4-33   左岸花海鸟瞰图

④兰苑：兰苑总面积约为2 ha，主要设有兰花池、兰坞、兰亭、四君子园等景观节点，主要展示跟兰文化相关的景观(图4-34、图4-35、图4-36)。

⑤十大名花园：十大名花园主要展示以月季为主的中国十大名花，主要设有月季花园、牡丹亭、名花长廊、月季庄等，名花中水仙、杜鹃、茶花被安排在室内展示，户外展示的有梅花、牡丹花、菊花、桂花、荷花、月季(图4-37、图4-38)。

⑥亲子花园：亲子花园面积约为3 ha，主要设有亲子活动场地、水岸风车、活动草坪、认种林等场地(图4-39、图4-40)。

(4)兰花生产区

面积约为30公顷，其中建设有15万 m² 的高标准温室，采用物联网技术打造了华东蝴蝶兰高标准的生产基地(图4-41)。

01 兰花池
02 兰坞
03 兰亭
04 四君子园
05 花海栈桥
06 兰花室外品种展示
07 休闲广场

图 4-34　兰苑平面图

图 4-35　兰苑入口效果图

图 4-36 花海栈桥效果图

01 月季花园
02 景观栈桥
03 牡丹亭
04 名花长廊
05 月季庄

图 4-37 十大名花园平面图

图 4-38 月季庄效果图

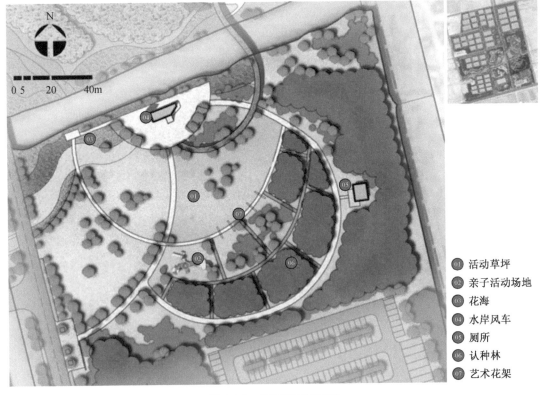

① 活动草坪
② 亲子活动场地
③ 花海
④ 水岸风车
⑤ 厕所
⑥ 认种林
⑦ 艺术花架

图 4-39 亲子花园平面图

图4-40　水岸风车效果图

（5）综合服务区

面积约为2.2 ha，以原有的生态餐厅为基础，在餐厅前设活动草坪以及欧式户外小品，可供举办户外婚礼等活动（图4-42、图4-43）。

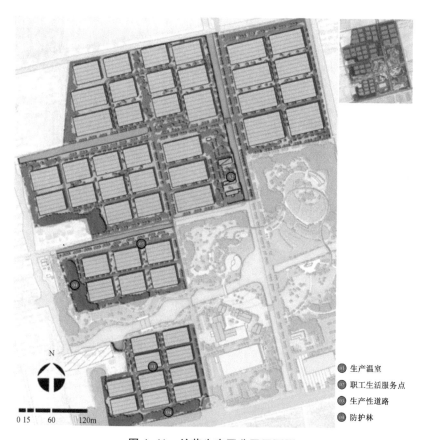

图4-41　兰花生产区分区平面图

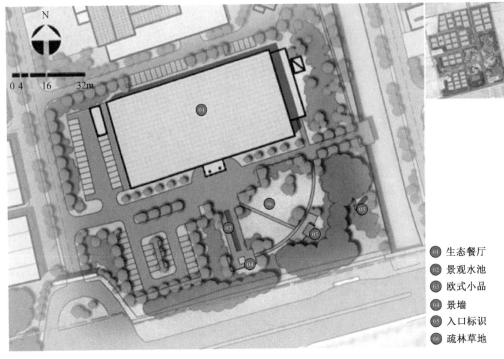

01 生态餐厅
02 景观水池
03 欧式小品
04 景墙
05 入口标识
06 疏林草地

图 4-42　综合服务区分区平面图

图 4-43　综合服务区入口效果图

1.5　专项规划

1.5.1　游线组织

半日游游线:游客中心—兰花广场—兰博馆—组培楼—创意展示馆—兰苑—月季花园—展销中心

一日游游线：游客中心—兰花广场—兰博馆—组培楼—书画院—生态餐厅—生产温室—左岸花海—蝴蝶小径—兰苑—创意展示馆—月季花园—月季庄—亲子花园—展销中心

游线组织如图4-44所示。

1.5.2 水系竖向

规划考虑景观需要，适当进行地形改造，尽量做到内部土方平衡。园区内生产性区域尽量利用现有地形，在观光游览区适当利用扩大水面多出的土方营造人工微地形，以增加景观的层次感（图4-45）。

图4-44 游线组织图

图4-45 水系竖向图

驳岸类型：园区内水系驳岸以自然驳岸为主，中心区适当增加人工驳岸类型（图4-46）。

1.5.3 铺装

园区内除道路外，室外铺装材料的选择主要考虑造价经济及耐久性，尽量运用透水性的铺装材料，选择的类型主要有：彩色透水混凝土、压花混凝土、石材、透水砖、弹石等。

滨水区域的道路铺装主要以木栈道和透水材料为主，局部也会采用鹅卵石，少量使用石材，整体营造自然、原生态的环境氛围。

综合服务区主要是供游人休憩、娱乐、观赏的区域，包括花田、广场、健身用地，所以在

图4-46 驳岸类型图

铺装上园路尽量都使用透水材料,广场则使用石材等。

1.5.4　服务设施

园区内服务设施主要分布在观光游览区,如景观亭、廊架、茶吧、厕所、服务中心、停车场等。其中休息设施有景观亭、廊架、花坛、树池坐凳等,形式新颖,材料现代化。配套服务设施有餐厅、厕所、小卖部、饮水器等,造型简洁,与环境融为一体。

1.5.5　绿化

(1) 规划原则

① 适地适树,选择适合当地立地条件的树种;

② 满足功能需求,尽量降低造价;

③ 营造主题突出的季相景观,突出节日氛围。

(2) 各分区植物选择

生产区及展示交易区:香樟、高杆女贞、桂花、广玉兰、垂丝海棠、珍珠绣线菊、刺槐、乌柏、楝树、鼠尾草、麦冬、萱草、桂花等;组培研发区、综合服务区及观光游览区:香樟、榉树、水杉、菖蒲、八角金盘、海桐、三色堇、紫叶李、红花酢浆草、龙柏、雪松、冬珊瑚等;滨水区域采用"乔木＋水生植物＋耐湿地被"的配置形式,展现植物自然生态群落景观,既能满足亲水活动及科普教育展示需求,又能起到对场地水质净化过滤的作用。

1.5.6　标识系统

设计独具特色的标识系统与园林小品(图 4-47)。

图 4-47　标识系统效果图

1.5.7　灯光照明

园内亮化工程的设计主要分为景观道路照明、广场照明以及重点区域景观灯具的点缀等。

滨水区域以暖白色调为主,营造静谧自然的氛围;建筑也以暖白为主,与环境相融合;园区道路适当使用暖黄色路灯,丰富照明层次。

综合服务区整体呈暖色调,局部可使用装饰性的草坪灯,以烘托出浪漫的气氛。重要的景观节点可采用蓝紫色系进行轮廓照明,勾画动人的图形,以获得很好的艺术效果。

1.6　经济技术指标

1.6.1　技术指标

表 4-2　技术指标

用地类型	面积/ha	比例/%
绿地	33.3	57
道路广场	5	8.5
水体	4.2	7.2
建筑	1	1.7
设施生产	15	25.6
总计	58.5	100

1.6.2　造价估算

表 4-3　造价估算

	项目名称	规格/m²	单价/(元/m²)	总价/万元
兰花生产区+ 组培研发区	温室大棚	150 000	1 000	15 000
	道路广场	38 000	300	1 140
	绿化	20 400	100	204
	建筑	8 000	3 000	2 400
展示交易片区	温室大棚	4 000	1 000	400
	道路广场	1 400	300	42
	绿化	16 600	100	166
	建筑	8 000	3 000	2 400
观光游览片区	温室大棚	1 000	1 000	100
	道路广场	7 800	300	234
	绿化	135 114	150	2 026.71
	建筑	456	2 000	91.2
	水体	5 600	200	112
	小品设施			200
	土方工程	50 000	40	200
其他	250 万元			
合计	约 25 000 万元			

1.6.3 效益分析

表 4-4 效益分析表

年游客量/万人	消费/元	年收入/万元	利润率/%	年利润/万元
15	200	3 000	20	600

备注:预计 5 年收回投资。

2. 盐都台创园鸽子博物馆

该案例为盐都台创园鸽子博物馆规划设计,设计场地位于江苏省盐城市盐都区台创园的循环农业示范区内夏氏鸽厂东南侧,属于以农业生产为主的产业观光类项目。本项目依托鸽子养殖,以凸显鸽子主题、融入台湾地区元素为目标,通过展览展示、观演喂食、肉鸽品鉴、林下体验等一系列活动项目的设置,实现科普教育、游憩娱乐、美食体验、自然观光等目的。

其休闲农业景观营造特色主要表现为:以鸽子为主题进行旅游开发,设置活动项目,规划游赏路线;同时在景观设计上以现代化的造景手法,融入台湾地区建筑元素,最终营造出一处兼顾自然生态,集鸽子文化、台湾地区元素、现代景观于一体的休闲旅游科普胜地。

2.1 项目概况

2.1.1 区位

江苏省盐城市盐都区地处江苏东部沿海、苏北平原中部,位于长三角一体化、江苏沿海开发两大国家级战略叠加区域。

盐都区是盐城市的市辖区之一,面积为 1 015 km²,总人口为 70.65 万人。2010 年 5 月 11 日,国家农业部、国务院台湾事务办公室发文批复同意设立江苏盐城盐都台湾农民创业园。

盐都区台湾农民创业园区基地周围 3 km 范围内有花卉种植基地、风景区用地;周围 10 km 范围内农业、旅游业资源丰富,已相继建成农业科技研发、农产品精深加工、农牧循环、种苗组培、花卉交易等现代农业项目。

该项目位于盐城市盐都区台湾农民创业园区内,葛武镇新杨村北首,双新大道旁边(图 4-48)。该场地始建于 1989 年,占地面积为 20 亩,饲养种鸽 1 万对,年产乳鸽 12 万只,培养青年种鸽 1 万余对。主要品种:美国白羽王鸽、石岐鸽、杂交王鸽。

2.1.2 项目缘起

江苏盐城盐都台湾农民创业园涵盖三湾、民强、袁邵、李庄、宗凌、董伙、程实、新杨、富王、葛武、育才、郝荣等 12 个村(居),人口为 3.2 万人,耕地面积为 4.6 万亩,总面积为 50 km²。该创业园形成了"一个中心"(研究孵化服务中心)、"五大功能区"(农产品加工区、

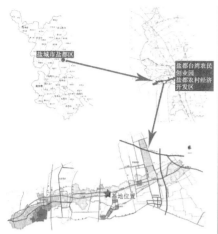

图 4-48 项目区位分析图

花卉苗木产业区、设施果蔬生产区、循环农业示范区、郝氏故里农业休旅区)的布局结构,先后招引台湾农友、台湾华祺、台湾华扬、翡翠湾花木、泰国正大、江苏悦达、唯佳草莓、龙典科技、上海呈祥等企业来园区投资,相继建成农业科技研发、农产品精深加工、农牧循环、种苗组培、花卉交易等现代农业项目。

该项目处于盐都区台创园的循环农业示范区内,该区规划面积约为 27 km²,主要包括特禽基地、种畜禽基地、有机农场、生态林果等板块(图 4-49)。该项目的夏氏鸽厂以鸽子养殖为主,因此项目的景观方案设计在凸显鸽子主题的前提下,会考虑融入台湾地区元素以体现台创园的独特风貌。

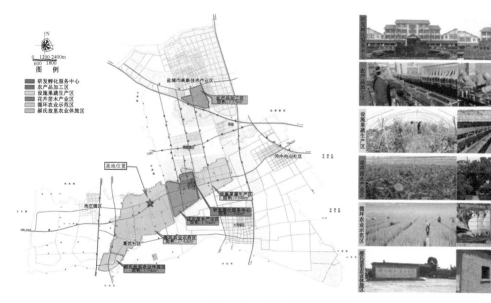

图 4-49 农业示范区规划图

2.2 场地分析

2.2.1 用地现状分析

该项目景观设计所占用地面积包括改造建筑原有占地面积及室外景观设计占地面积，共约为 1.5 ha。项目所处位置周边用地类型主要为以下几种(图 4-50)：

(1) 建筑、构筑物

包括夏氏鸽厂的办公管理建筑和生产性建筑，另外还有一些葡萄种植大棚(图 4-51)。

(2) 水体

包括鸽厂周边的河道和鸽厂内部的东西向水塘(图 4-52)。

(3) 绿地

包括鸽厂外围的双新大道道路绿化带、农田、防护林带及鸽厂内部的基础种植(图 4-53)。

(4) 道路场地

包括基地南部的双新大道和北部的斗沙线及东部的一条乡镇道路，内部为连接办公管理区及生产区的混凝土路面(图 4-54)。

2.2.2 建筑与构筑物分析

场地建筑主要可分为办公管理建筑和生产性建筑(图 4-55)。

办公管理建筑有一定立面造型，但美感不足，设计中需对其进行选择性改造；生产性建筑中多数用于肉鸽养殖，缺少造型变化，因此设计中在满足其通风采光等生产功能的基础上，需对其立面进行相应的修饰改造，使之具有建筑美感。建筑改造需提取台湾地区建筑元素与鸽子的立意，以凸显设计主题。

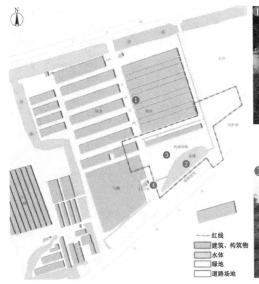

图 4-50　周边用地类型分析图

图 4-51　鸽舍现状

图 4-52　水塘现状

图 4-53　内部绿地现状

图 4-54　道路现状

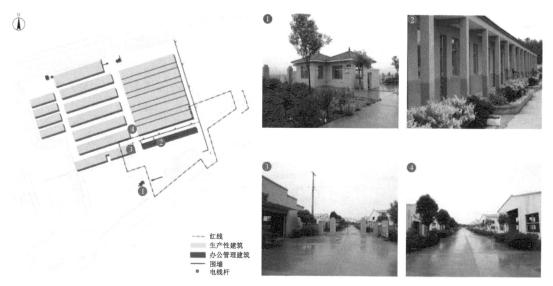

图 4-55 建筑、构筑物分析图及现状照片

2.2.3 交通与水系分析

场地外部交通,南依双新大道,北接斗沙线,其中双新大道是规划中的一条具有旅游性质的城市道路。内部道路用来连接各生产办公片区,均采用混凝土铺砌,形式单一,设计中根据鸽子博物馆游线安排选择性地进行道路铺装的改造设计,以丰富游览体验。

现状场地内有一水塘,南北宽约 25 m,东西长约 95 m。水塘南侧岸线平直,紧依双新大道路侧绿化带,北侧岸线大致为弧形,缺乏变化。设计中对现状水系进行改造利用,营造滨水景观,增加景观灵动性。图 4-56 为场地交通与水系分析图及现状照片。

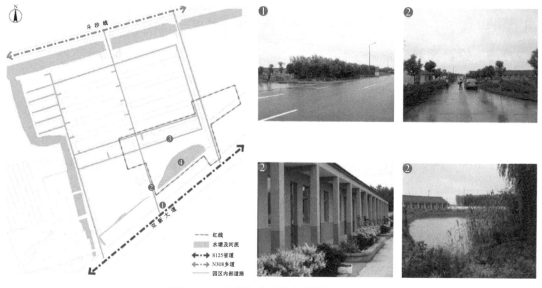

图 4-56 交通与水系分析图及现状照片

2.2.4 植被与竖向分析

场地外部有近 20 m 宽的双新大道路侧绿带,该绿带作为屏障可减轻外部交通对内部场

地的噪声干扰,绿化带配置丰富,长势良好,同时可以作为内部场地景观设计的绿色背景。场地内部绿化主要为沿路行列式种植的高杆女贞及各建筑间满铺的红叶石楠,偶有一些月季及观赏花草点缀,植物种类及配置形式单一,观赏性不高(图4-57、图4-58)。

场地南侧双新大道标高高于场地内部地面 1~2 m,场地内部地形平坦,无太大地面起伏,景观设计中通过适当营造微地形、亲水平台等增加景观层次(图4-59)。

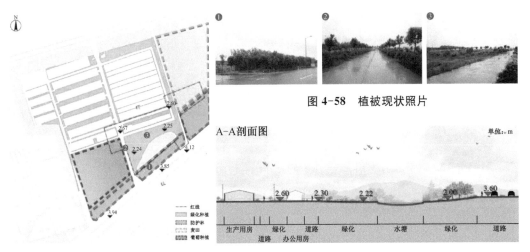

图 4-58　植被现状照片

图 4-57　植被种植分析图　　　　图 4-59　A-A 剖面图

2.2.5　评价与思考

现状问题:建筑形式缺乏美感;道路铺装单一;现状绿化植物种类及配置形式单一。

理想方案:借助场地内水塘营造水景;将紧邻双新大道的路侧绿带作为绿色屏障;项目位于台创园内,可在建筑改造中融入台湾地区建筑元素;项目主体是鸽子,可融入相关造景元素。

2.3　设计愿景

2.3.1　项目策划

(1)设计目标

营造一个现代的、休闲的、自然的、生态的鸽子博物馆公共空间,合理安排游览路线,使每个功能场地都能够满足游客的参与需求,为所有到此参观的游客提供引人入胜的游憩、科普、美食体验,将鸽子博物馆打造成一处让人流连忘返的旅游胜地。

(2)潜在人群分析

盐城台创园鸽子博物馆的主要游人包括:盐城本地家庭游客、盐城本地学校团体、国内其他地区游客、国际游客、国内以及国际肉鸽研究者。

(3)项目活动设置

根据功能需要,设计从内部至外部的游览路线,沿线设置适合不同类型、不同年龄层次游客的活动项目。总体分为四类:科普教育(图片展示、鸽子养殖过程展示、博物馆展览);娱乐逗趣(观演、喂食、许愿、放飞、合影);生态餐饮(肉鸽品鉴);自然观光(林下体验)(图4-60)。

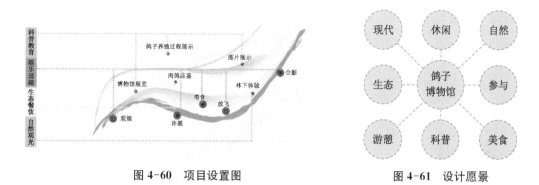

科普教育
娱乐逗趣
生态餐饮
自然观光
鸽子养殖过程展示
图片展示
合影
肉鸽品鉴
博物馆展览
林下体验
喂食
放飞
观演
许愿

图 4-60　项目设置图

现代
休闲
自然
生态
鸽子博物馆
参与
游憩
科普
美食

图 4-61　设计愿景

2.3.2　风格定位

该项目以鸽子为主题，位于盐都区台湾农民创业园区内，鸽子博物馆的建设与台创园乡村旅游相联系，具有旅游开发层面的意义。由于场地占地面积不大，为了展示新时代背景下盐城市盐都区的新型农业发展，景观设计上运用现代景观元素和造景手法，兼顾自然生态，营建一处集鸽子文化、台湾地区元素、现代景观于一体的休闲旅游科普胜地(图 4-61)。

2.4　设计方案

2.4.1　总平面图

项目总平面图如图 4-62 所示。场地主入口紧邻道路，内部主要节点包括科普展览馆、生产参观廊道、放飞棚、鸽子博物馆、鸟艺表演场、中心广场等(图 4-62)。

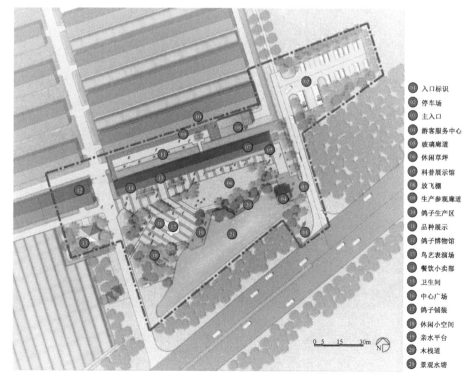

01 入口标识
02 停车场
03 主入口
04 游客服务中心
05 玻璃廊道
06 休闲草坪
07 科普展示馆
08 放飞棚
09 生产参观廊道
10 鸽子生产区
11 品种展示
12 鸽子博物馆
13 鸟艺表演场
14 餐饮小卖部
15 卫生间
16 中心广场
17 鸽子铺装
18 休闲小空间
19 亲水平台
20 木栈道
21 景观水塘
0 5 15 30m
N

图 4-62　总平面图

2.4.2 鸟瞰图

项目总体鸟瞰图如图 4-63 所示。

图 4-63　鸟瞰图

2.4.3 剖面图

将场地分别沿西北-东南对角线(A-A)、西南-东北对角线(B-B)进行剖面分析,如图 4-64 所示。

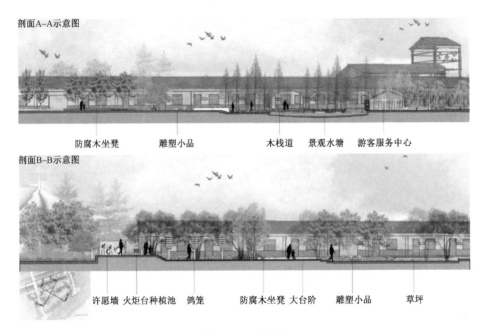

剖面A-A示意图

防腐木坐凳　　雕塑小品　　　　木栈道　景观水塘　游客服务中心

剖面B-B示意图

许愿墙　火炬台种植池　鸽笼　　　防腐木坐凳 大台阶　　雕塑小品　　　草坪

图 4-64　剖面图

2.4.4 景观结构与视线分析

整体上形成以科普展览厅、中心广场为主,以鸟艺表演场、鸽子博物馆、放飞棚为辅的多节点景观结构(图4-65)。其中,中心广场视野开阔、景观观赏面丰富。

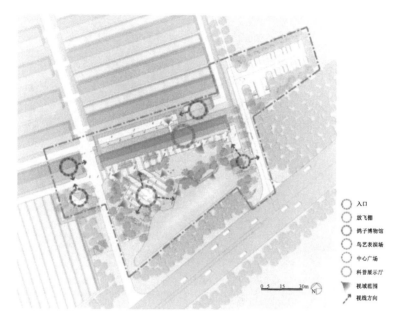

图4-65 景观结构与视线分析图

2.4.5 游线组织分析

场地内以环形主要游线串联各景观节点,次要游线集中在场地西部,将鸽子博物馆、鸟艺表演场、中心广场西南侧联系到主游线上(图4-66)。

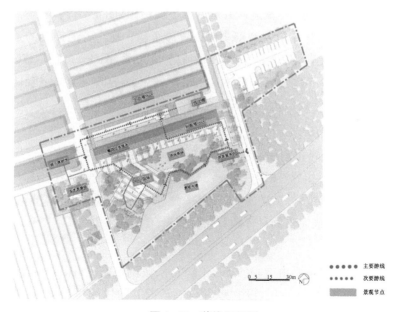

图4-66 游线组织图

2.4.6 分区设计

将场地划分为入口景观区、科普展示区以及休闲体验区(图4-67)。

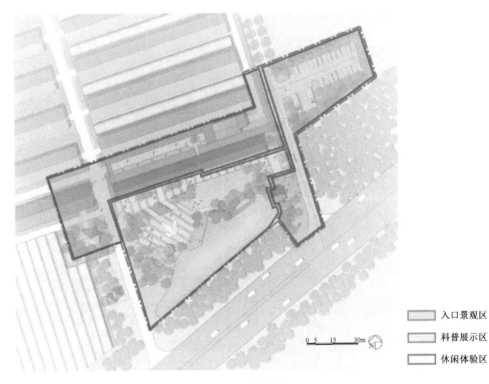

入口景观区

科普展示区

休闲体验区

图 4-67　功能分区图

（1）入口景观区

入口景观区位于场地的东侧，是进入游览区的主要通道(图4-68)。考虑到人流量较大和停车需要，将原有道路拓宽并在场地东北部设置停车场。在与省道连接的道路交叉口处设置入口标识，融入鸽子元素，结合景石、植物种植，独立成景(图4-69、图4-70)。根据功能需要，设置具有台湾地区特色的游客服务中心(图4-71)、鸽子造型的镂空景墙以供游人驻足、拍照，形成具有特色的入口风貌。

（2）科普展示区

科普展示区位于场地的北侧，主要承担内部展示的功能(图4-72)。合理组织游览线路，串联景点——科普展示馆、放飞棚(图4-73)、鸽子生产区、鸽子博物馆(图4-74)、鸟艺表演场，沿线设置玻璃廊道(图4-75、图4-76)、木平台、特色种植池等，丰富游览体验，设置配套服务设施(图4-77)，形成完整的科普教育景观体系。

（3）休闲体验区

休闲体验区(图4-78)主要由中心广场(图4-79)、休闲小空间(图4-80)、亲水平台、草坪四部分组成。四个空间相互联系，设立多种与鸽子相关的休闲娱乐项目：喂食、放飞、许愿、拍照。抬高的休闲小空间布置有许愿墙、火炬台种植池、景观置石、鸽子树等。亲水平台与木栈道结合布置,亦动亦静,连续的木栈道穿梭在水杉林中,营造亲水休闲的氛围(图 4-81、图 4-82)。

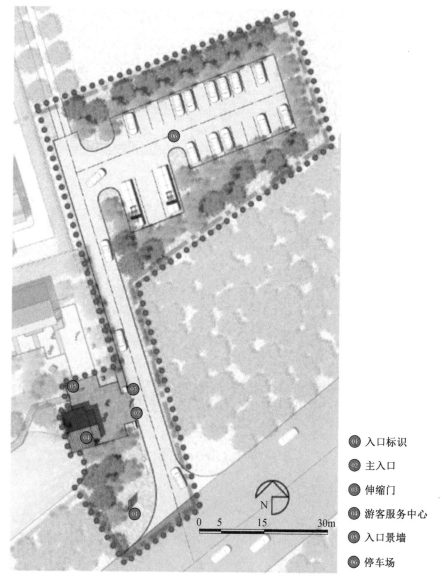

04 入口标识

02 主入口

03 伸缩门

04 游客服务中心

05 入口景墙

06 停车场

图 4-68　入口景观区分区平面图

图 4-69　入口标识效果图一

图 4-70　入口标识效果图二

图 4-71　游客服务中心效果图

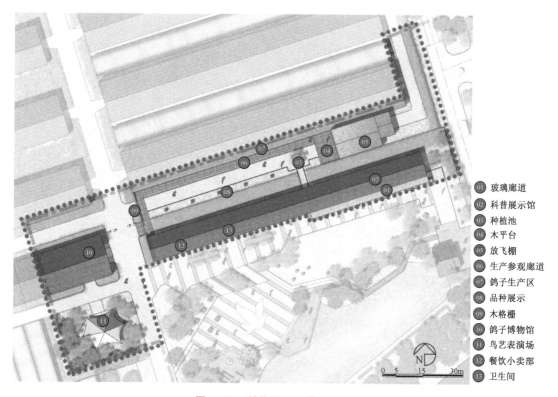

01	玻璃廊道
02	科普展示馆
03	种植池
04	木平台
05	放飞棚
06	生产参观廊道
07	鸽子生产区
08	品种展示
09	木格栅
10	鸽子博物馆
11	鸟艺表演场
12	餐饮小卖部
13	卫生间

图 4-72　科普展示区分区平面图

图 4-73　放飞棚效果图

图 4-74　鸽子博物馆效果图

图 4-75　廊道外部效果图

图 4-76　廊道内部效果图

图 4-77 商业服务建筑效果图

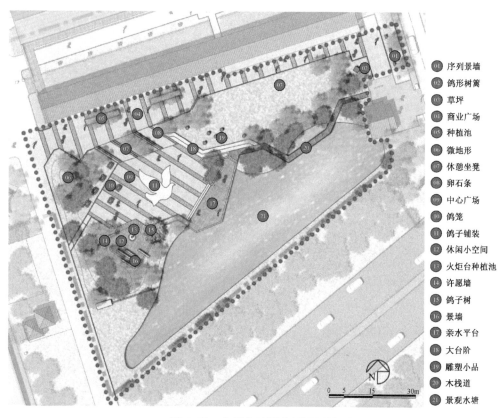

01 序列景墙
02 鸽形树篱
03 草坪
04 商业广场
05 种植池
06 微地形
07 休憩坐凳
08 卵石条
09 中心广场
10 鸽笼
11 鸽子铺装
12 休闲小空间
13 火炬台种植池
14 许愿墙
15 鸽子树
16 景墙
17 亲水平台
18 大台阶
19 雕塑小品
20 木栈道
21 景观水塘

图 4-78 休闲体验区分区平面图

图 4-79　中心广场效果图

图 4-80　休闲小空间效果图

图 4-81　亲水平台效果图

图 4-82 开敞空间效果图

2.5 专项设计

2.5.1 道路与铺装设计

广场铺装采用自然面青石与锈石相结合的形式,林下小径以防腐木材质为主,其他铺装主要使用透水混凝土、花岗岩、鹅卵石等(图 4-83)。

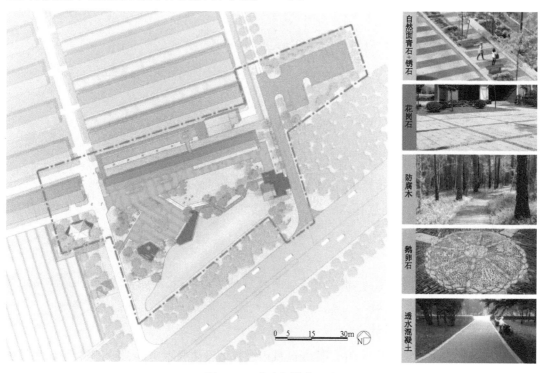

图 4-83 道路与铺装设计

2.5.2 水系与竖向设计

水系设计在原有水塘的基础上,对其靠近博物馆室外休闲区的一侧进行梳理,结合场地设计,通过设置亲水平台和临水木栈道丰富游人体验。场地内部地形平缓,在空间营造过程中通过堆造微地形,运用台阶连接不同高差的场地,营造丰富的休闲空间(图4-84)。

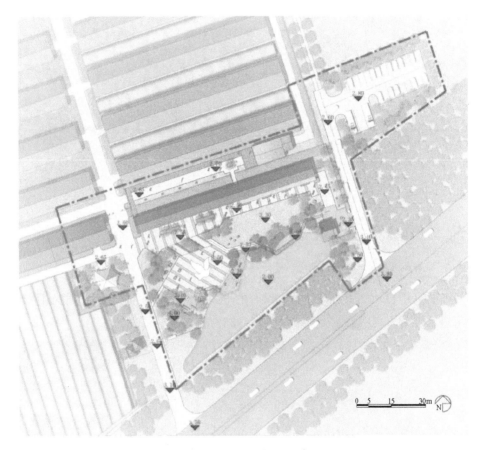

图4-84　水系与竖向设计

2.5.3 种植设计

根据不同分区进行种植设计,滨水处种植水杉林,广场种植多为小乔木,其余大部分区域以自然群落景观为主,通过乔、灌、草、花卉的合理搭配营造层次丰富、多姿多彩的植物景观(图4-85)。

2.5.4 照明设计

通过庭院灯、草坪灯、射灯、地灯等多种景观灯具形式,满足照明需求的同时,丰富照明层次、增添艺术效果(图4-86)。

2.5.5 景观设施设计

完善场地内基础设施建设,中心广场区域内合理增设防腐木坐凳、条石坐凳等休憩设施(图4-87)。

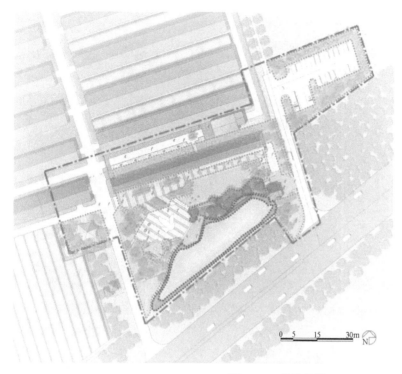

图 4-85 种植设计

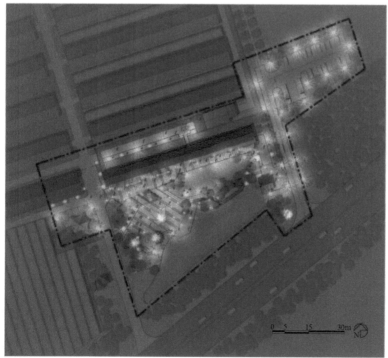

图 4-86 照明设计

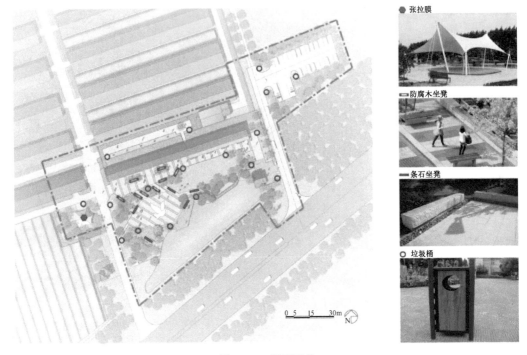

图 4-87　景观设施

2.5.6　建筑改造设计

对科普展示馆、鸽舍以及鸽子博物馆进行建筑改造,对游客服务中心、放飞棚进行建筑重新设计(图 4-88)。

建筑改造:
①　科普展示馆
②　鸽舍
③　鸽子博物馆
建筑设计:
④　游客服务中心
⑤　放飞棚

图 4-88　建筑改造设计点位图

（1）科普展示馆

科普展示馆的内部改造在平面布局的基础上进行，主要体现在以下几个方面：① 选取科普展示馆的一段，在现有走廊的基础上向外拓宽 2 m 增加一条参观廊道；② 把参观廊道一侧的房间门窗封堵起来，内部墙壁打通，用来布置鸽子的室内科普展；③ 保留原有卫生间，根据项目建设需要可适当增加；④ 卫生间两侧的其余房间用来布置博物馆内部的餐饮、旅游纪念品等具有旅游服务功能的商业空间（图 4-89、图 4-90）。

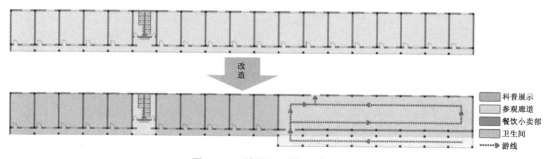

图 4-89　科普展示馆改造平面图

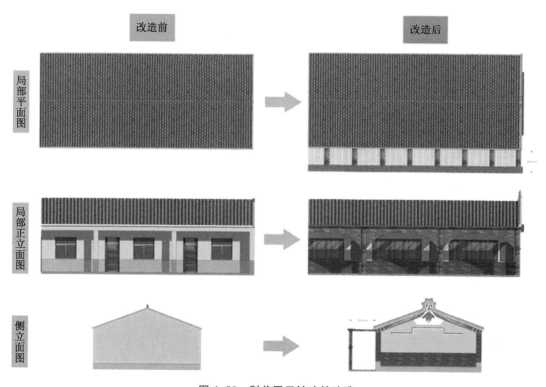

图 4-90　科普展示馆建筑改造

（2）鸽舍、鸽子博物馆

建筑立面融入鸽子元素，以凸显场地特色文化（图 4-91）。

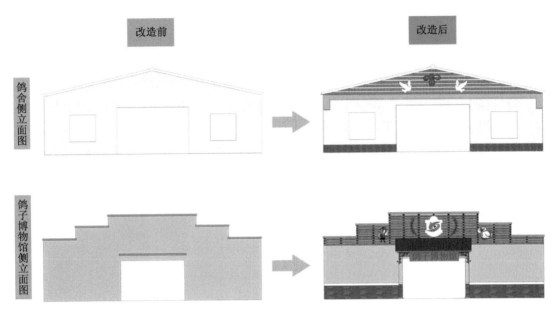

图 4-91　鸽舍、鸽子博物馆建筑改造

（3）游客服务中心

游客服务中心建筑设计如下（图 4-92）。

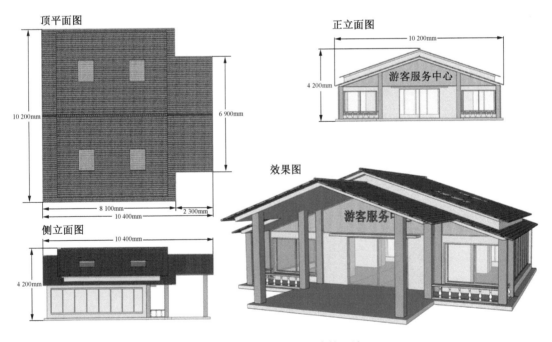

图 4-92　游客服务中心建筑设计

（4）放飞棚

放飞棚为木质顶，以防护网围合，能够确保棚内空气流通，其三视图及效果图如下（图 4-93）。

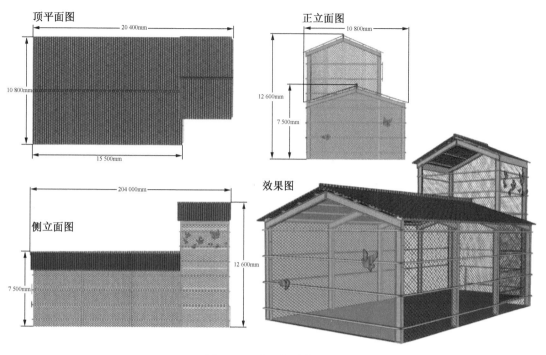

顶平面图

正立面图

侧立面图

效果图

图 4-93　放飞棚建筑设计

2.5.7　小品与标识设计

以现代化的材料结合鸽子文化,形成主题鲜明的标识系统(图 4-94)。

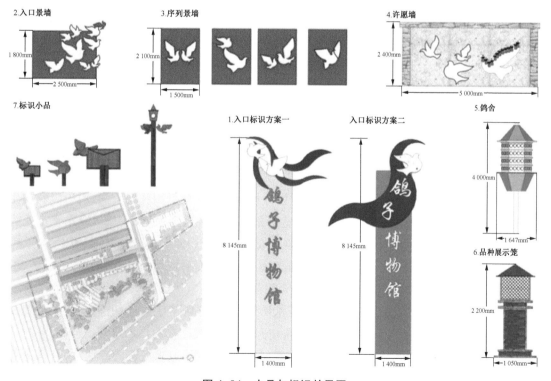

2.入口景墙

3.序列景墙

4.许愿墙

7.标识小品

1.入口标识方案一

入口标识方案二

5.鸽舍

6.品种展示笼

图 4-94　小品与标识效果图

2.6 经济技术指标

2.6.1 技术指标

表 4-5 技术指标

用地类型	面积/ha	比例/%
绿地	0.78	52
道路广场	0.42	28
水体	0.16	11
建筑新建	0.03	2
建筑改造	0.11	7
合计	1.50	100

2.6.2 造价估算

表 4-6 造价估算

用地类型	面积/ha	单价/(元/m²)	总价/万元
绿地	0.78	120	94
道路广场	0.42	250	105
水体	0.16	80	13
建筑新建	0.03	2 000	60
建筑改造	0.11		20
小品设施			20
其他			10
合计	1.50		322

3. 第十届中国月季展览园

该案例为第十届月季展览园规划设计,设计场地位于安徽阜阳花博园内,属于以农业生产为主的现代农业科技示范类项目。该展览园是以月季展览会为核心引擎、以花卉产业为核心基础,兼具休闲旅游、科研创新功能的现代农业科技园。园区集月季展示、研发生产、种植示范、技术创新等于一体,极力打造具有典型性和代表性,对周边地区起到较强的示范、引导和带动作用的科技示范园区和特色文化产业区。

其休闲农业景观特色主要表现为:与技术团队、科研院所紧密结合,进行专业化大规模的生产;园区推广现代农业技术,有较强的科技开发能力,较完善的技术培训、技术服务与推广体系以及较强的科技投入力度;重视月季高端品种的研发,追求展览的专业性;具有主题性,以月季为主要造景元素,通过不同的品种搭配、种植模式形成丰富多样的景观,展示优越的景观营造能力。同时在场地中融入月季文化,通过结合节庆活动创新游赏模式,力求打造规模最大、档次最高、影响最广的国家级月季盛会。

3.1 项目概况

3.1.1 项目背景

月季原产于中国,有两千多年的栽培历史,相传神农时代就有人把野月季挖回家栽植,汉朝时宫廷花园中已大量栽培,唐朝时更为普遍。由于中国长江流域的气候条件适于月季生长,因此中国古代月季栽培大部分集中在长江流域一带。月季花素有"花中皇后"之称,喜温暖和阳光充足环境,较耐寒,适应性强,色彩艳丽,香味浓郁,是世界最主要的切花和盆花之一。

中国月季展览会由中国花卉协会月季分会主办,是我国规模最大、档次最高、影响最广的国家级月季盛会,被誉为中国月季界的"奥林匹克",每一年或两年举办一届,举办时间一般为 7~10 天,曾先后在郑州、北京、三亚、绵竹、南阳等 9 个城市举办。第十届中国月季展览会于 2020 年 9 月 26 日在安徽阜阳举办。展览会期间,除了开幕式和主展活动之外,还将举办月季分会理事会议、高峰论坛、月季展览竞赛、月季插花花艺大赛、月季进万家工艺活动、招商引资推介会暨签约仪式等。

3.1.2 区位分析

阜阳市位于安徽省西北部,距离合肥 180 km(图 4-95)。

本届中国月季展览会拟选址于安徽省阜阳市颍州区西南市郊的农之源花博园内,基地毗邻阜阳城区及高速公路出入口,省道 S202 从旁边通过,交通非常便捷;阜阳机场和正在建设的阜阳高铁站位于基地北侧 5 km 范围内,区位优势明显(图 4-96)。

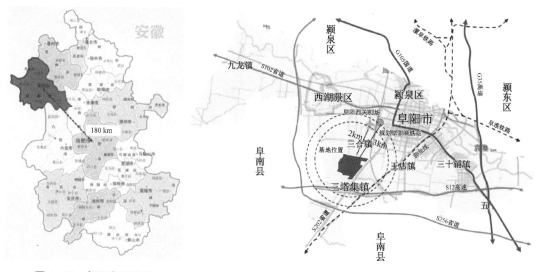

图 4-95 阜阳市区位图　　　　　　图 4-96 项目基地区位图

阜阳地区位于暖温带南缘,属暖温带半湿润季风气候,季风明显,四季分明,气候温和,雨量适中。阜阳既兼有南北方气候之长——水资源优于北方,光资源优于南方,同时又兼有南北方气候之短——有的年份少雨干旱,有的年份多雨成涝,旱涝灾害频繁,表现出气候明显的变异性。阜阳市北部与黄河决口扇形地相连,南部与江淮丘岗区隔淮河相望,全境属平原地形,地势平坦,仅东北部有龙山、辉山、狼山、双锁山等石灰岩残丘分布。阜阳市的水资源主要由自然降水、河道过境水和地下水构成。全地区年均降水 820 至 950 mm,年均河道过境水径流量为 38.22 亿 m³。阜阳是淮北地区滨水园林城市,城区河网密布,颍河、泉河呈"Y"形穿城而过,60 余条河流纵横交织,"城水相依、襟河枕湖、绿水贯颍"特色明显,自古就有"三清贯颍"的美称。

3.1.3 场地分析

（1）用地现状

阜阳花博园占地面积为 100 ha（1 500 亩）,园内西侧约 400 亩绿地及苗圃用地可用于设置本届中国月季展览会的核心展示区（图 4-97）。

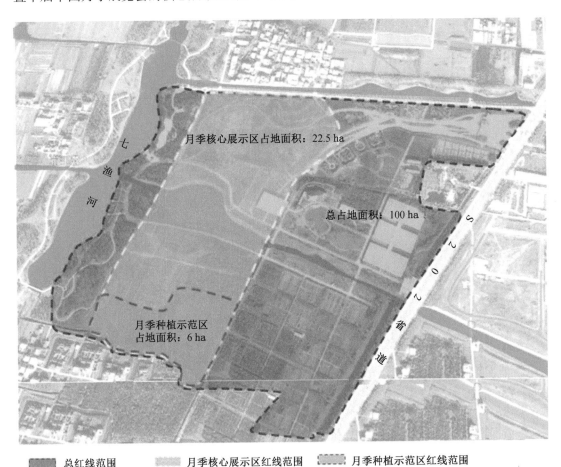

图 4-97 用地现状分析图

花博园内主体道路框架完善,入口广场、游客中心及停车场等配套设施较为完善,原有展园景点观赏价值高,拟用于月季核心展示区的地块地形及水体骨架基本成型,道路系统也有一定基础,土壤肥沃、排水良好,比较适宜月季栽植。

（2）道路现状

场地内部有两种等级的道路,主要道路为沥青路和压花混凝土路,宽 6 m;次要道路为水泥路,宽 4 m,路面均比较平坦(图 4-98)。

--- 红线范围　——— 场地内部主要道路　——— 场地内部次要道路

图 4-98　道路现状分析图

（3）水系及竖向现状

场地西侧濒临七渔河,七渔河北起泉河之南的河滨路,南至阜南境内与小运河相交。场地内有水系穿插,地势良好,土壤品质优良(图 4-99)。场地内有两处自然地形,制高点分别为 4 m 和 6 m。

--- 红线范围　■ 水系

图 4-99　水系现状分析图

（4）设施及建筑现状

场地内有 6 个大棚，东北部有一停车场，中部有一花协展区。

场地东北角上有一游客服务中心，花协展区的东侧为研发大楼及中科院芳香植物工程中心，场地东北部有一宿舍（图 4-100）。

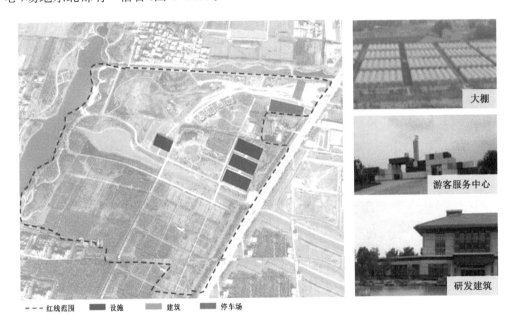

— — — 红线范围　■ 设施　　建筑　■ 停车场

图 4-100　设施及建筑现状分析图

（5）绿化现状

场地北部主要为景观绿化及备用地，香樟、女贞、桂花、银杏等树木长势良好；西部为滨水绿化带；南部为大面积苗圃地，田地广阔；东北部为设施用地（图 4-101）。

— — — 红线范围　　景观绿化　　备用地　　滨水绿化带　　苗圃地　　设施用地

图 4-101　绿化现状分析图

（6）现状评价

① 优势：区位条件优越；人力、生态、自然资源丰富；政府扶持、产业基础支撑；前期有花博园建设的基础。

② 劣势：发展与远景规划待统筹；园区功能、规划需协调；月季产业化的需求有限。

③ 机遇：地处城市近郊，消费市场广阔；以月季为主题的产业链发展良好；区域交通将逐步完善；抓住花博会和中国月季展览会的历史机遇。

④ 挑战：与周边区域协同发展；强化城区功能带动，如何实现景区功能对城市的带动作用；展览会后新功能植入。

3.2　设计研究

3.2.1　历届月季展览会研究

第一届中国月季展览会

时间：2005 年 4 月 28 日—5 月 16 日
地点：河南省郑州市月季园
面积：70 000 m²
主题：人与自然，花与家园
特色：将浓郁的楚汉文化同月季栽培的悠久历史相结合；把现代生活同月季的浪漫多姿相结合；品种丰富多样
分区：园内设 8 个景区，由南向北依次为月季栽培展示区、月季品种园、引种培育区、盆景奇石展示区、月季文化演绎区、月季树桩盆景栽植区、山水风光区、生产管理区

第二届中国月季展览会

时间:2006 年 5 月

地点:沈阳世博园的玫瑰园(原沈阳植物园)

面积:10 000 m²

主题:我们与自然和谐共生

特色:以玫瑰文化为依托;在森林中举办;山水花木融为一体;采用地源热泵采暖技术

分区:园艺展示区、文化娱乐区、综合服务区、展会活动区

第三届中国月季展览会

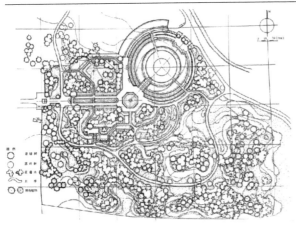

时间:2008 年 5 月 22 日—28 日

地点:北京植物园的月季园

面积:70 000 m²

主题:和平之花迎奥运

特色:自然与对称结合,中式与西式结合;将奥运文化与月季文化相结合

展览内容:包括盆栽月季、露地月季造景、月季插花展、月季新品种和月季文化 5 个部分

第四届中国月季展览会

时间:2010 年 4 月 28 日—5 月 20 日

地点:江苏常州

主题:和平、和谐

特色:中外花卉文化的碰撞与交流

展览内容:共有 50 个城市和单位参展,设置了月季景点和景区 42 个,月季精品展台 50 个,同时举办的还有月季新品种展、月季插花艺术展、月季书画艺术展和月季摄影艺术展等各项展览

第五届中国月季展览会

时间:2012 年 12 月 12 日—15 日

地点:海南三亚

面积:153 333 m^2

主题:玫瑰开三亚、浪漫满天涯

特色:特殊的热带风情花海景观

展览内容:分为主题活动、文化活动、学术活动、传播活动四大活动版块,包括造景艺术展、盆栽精品展、新品种展、花艺展、产品展、2012 三亚玫瑰新娘婚纱摄影大赛、玫瑰花茶采茶展演等

第六届中国月季展览会

时间:2014 年 5 月

地点:山东莱州

面积:180 000 m^2

主题:中国月季、美丽莱州

特色:展示与产业结合,生态与游览并存

分区:展园分为入口景观区、滨水区、月季文化展示区、月季种质资源区,展览分为含苞待放、绽放迎客、华夏丽影、墨彩芬芳、创新探索、握手留香六大篇章

续表

第七届中国月季展览会

时间:2016 年 5 月 18 日—6 月 18 日

地点:北京市大兴区

面积:12 000 m²

主题:美丽月季 美好家园

特色:现代科技的运用,充分体现国际性特点

分区:分为室外、室内两大展区,室外展区分为七彩月季园、芳香月季园、月季花语大道、名人月季园、五洲月季园、中国自育品种园等 13 个月季特色主题园区

第八届中国月季展览会

时间:2018 年 9 月 28 日—10 月 28 日

地点:四川省绵竹市土门镇"中国玫瑰谷·月季产业园"

面积:园区面积 2 560 余亩,核心展区 900 余亩

主题:浪漫玫瑰·香约德阳

特色:结合当地的木板年画文化,开设年画展区等文创活动

展示内容:包括城市展园、室内精品展园、玫瑰城堡、玫瑰湖、花城花廊

第九届中国月季展览会

时间:2019年4月28日—5月2日

地点:河南南阳

面积:总占地1 543.125亩

主题:月季故里 香飘五洲

特色:月季为媒,文化为魂

分区:月季大会主展区、月季花海赏游区、月季花圃大地艺术区和月季科研试验区

历届月季展览会研究总结:

(1)主题

关键词——自然、家园、生活、和谐、和平、美好、浪漫;强调人与自然的关系、强调人对家园的认同感、强调花卉的特质——使生活更美好。

(2)特色

弘扬文化——楚汉文化、奥运文化、中外花卉文化、热带风情、木板年画等;关注生活——展示产业、生态与游览;展示技术——现代科技(地源热泵采暖技术)、创新探索。

聚焦文化——本土文化、当地风情、中西碰撞;聚焦生活——提供美好游赏体验、带动产业发展、传播生态理念;聚焦技术——新技术的运用,激励创新。

(3)分区

栽培展示——盆栽、露地、温室、牵引攀爬;品种展示——七彩月季、芳香月季、名人月季、中国自育月季;文化演绎——故事、插画、书画、摄影、产品;科普研究——引种培育、种质资源;展览模式——月季品种、栽培、文化或月季不同特色主题园。

(4)主题园模式

如香味月季园、蓝色月季园、皇家月季园、古老月季园、岩石月季园、英国月季园等。主题园设置更有创意和新意,不拘泥于传统分区方式,设置其他月季展没有的特色展园,更能吸引游客。

(5)月季造景方式

多为混合模式——与其他植物自然配置,形成稳定植物组群;与景观元素结合,如廊架、水景、框景、篱笆、迷宫等。国内多为单一模式,月季同一品种或同一花色集中展示,如盛大恢宏的花坛景观或大型造型景观;混合模式可以更为自然地展示月季的美丽,展示月季在不同环境下的生长特性,展示月季优越的景观营造能力。

3.2.2 规划衔接研究

（1）现状建设

项目基地位于安徽省阜阳市颍州区西南市郊,选址于 2018 年花博会开展地（总占地1 500 亩）。场地内道路已建设完成,地形已完成初步的堆填,水系也已经过了一定的整治梳理,同时部分基础设施和景观设施已经建设完成。并且,规划中所设计的入口服务区和展园博览区基本建设完成,情况良好（图 4-102）。

图 4-102　现状建设分析图

综上所述,此次方案设计基于原有场地的立地条件,对遗留下来的基础设施和景观设施进行完善与改造,通过道路梳理、水系整治、设施翻新等手段进行景观提升,使场地具备举办月季展的必要条件。

（2）衔接沿用

对场地内的水系、道路、地形、建筑进行分层分析（图 4-103）。水系基本保持原样,贯穿场地;道路保留基本框架,保持一级道路不变,并适当增加二、三级道路,以方便通行、深入体验;地形基本保持原样,因地制宜;建筑基于原有建筑进行适当改造,如设计一个室内展厅。

（3）可持续发展

秉承以人为本、低碳生态的理念,保留原有道路、水系、地形和建设完善的基础设施,可部分开放作为市民休闲游乐的场所。以月季展览会为核心,吸引人流,并以花卉产业为驱动力,带动周边区域发展,开发一系列活动,如亲子活动、生态观光、园林园艺体验、农业休闲、教育科研等（图 4-104）。

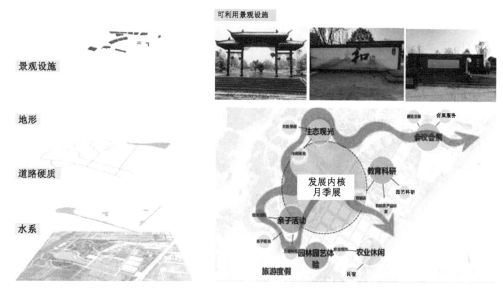

图 4-103　场地结构分析图　　　　图 4-104　可持续发展理念实现路径图

3.3　主题定位

3.3.1　主题构思

- 一个大区域产业焦点（阜阳市）：大规模苗木花卉产业基地
- 一个大事件承载平台：第十届中国月季展览会
- 一个可持续发展推动力：花卉产业

以月季展览会为核心引擎；以花卉产业为核心基础；以花卉生产、休闲旅游、科研创新、乡村发展为可持续推动力（图 4-105）。

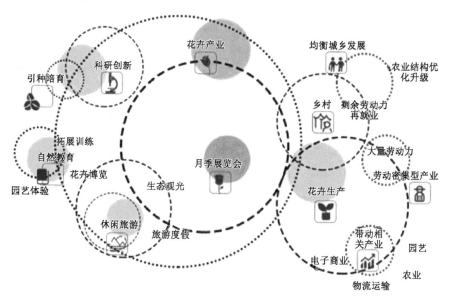

图 4-105　主题构思

3.3.2 目标愿景

(1) 相约阜阳,共赴一场精彩绝伦、别开生面、令人难忘的月季盛会。

(2) 建设一个集花卉博览、休闲旅游、自然教育、科研生产于一体的月季博览会。

(3) 立足产业富民与服务美丽城乡建设,以花卉产业为核心,驱动城乡融合发展。

3.3.3 特色及理念

(1) 游赏性

与基地花博会的景点有机结合,丰富可游赏内容。

(2) 专业性

与技术团队、科研院所紧密结合,展示月季丰富品种,保障展览的专业性。

(3) 创新性

创新游赏模式,满足人民群众追求美好生活的需求。

(4) 持续性

与未来发展相结合,预留申办更高级别展会的空间,实现可持续发展。

(5) 社会性

与产业推广相结合,与招商引资相结合,通过产业扶贫扩大社会影响力。

3.4 总体布局

3.4.1 总平面图

在充分尊重原有场地的基础上,依据上述规划构思进行总体设计,项目总平面图如图4-106所示。

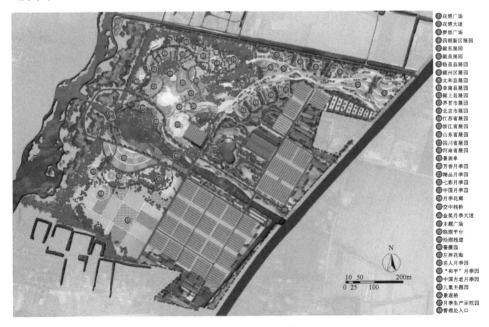

图 4-106 总平面图

3.4.2　鸟瞰图

总体鸟瞰图如图 4-107 所示。

图 4-107　鸟瞰图

3.4.3　布局结构

总体布局结构为"一环、一轴、六区块"(图 4-108)。

N

| 10 | 50 | | 200m |
| 0 | 25 | 100 | |

——————　环　·········　轴　◯　区块

图 4-108　景观结构布局图

一环:以月季为设计主线贯穿全园,展示月季品种、月季文化、月季培育等;

一轴:以水为轴线设计滨水景观轴,活化整个片区;

六区块:不同功能分区充分满足人们需求,包括观光游乐、花卉博览、科研生产等分区。

3.4.4 交通体系

整个场地中的道路系统主要分为三级道路和特色栈道。

一级道路为园内主要道路,贯穿全园,宽 6 m,连接各个景区,满足园区内主要通行需求,可通车;二级道路为园内次要道路,在不同景区内连接不同景点,宽 3~4 m,主要为人行;三级道路宽 1.5~2 m,是各个景点内自然流畅方便人们通行的道路;特色栈道宽 2 m,设置于滨水地段和山坡之上,自然质朴,具有田园气息(图 4-109)。

图 4-109 交通规划图

3.4.5 功能分区

整个场地中的功能分区主要分为:入口广场区、展园利用区、月季核心展示区、外围协调区、月季种植示范区、研发生产区(图 4-110)。

3.5 分区设计

3.5.1 入口广场区

位于整个园区的入口区域,通过大气开敞的花博广场以及与月季文化相关的景观小品

图 4-110 功能分区图

设施满足人们停留、休闲游憩的需求(图 4-111、图 4-112、图 4-113)。

图 4-111 入口广场区分区平面图

图 4-112　入口广场鸟瞰图

图 4-113　入口大门效果图

3.5.2　展园利用区

综合利用原有西湖新区、颖东、颖泉、临泉等展园资源,适当增加鲜花的装饰点缀,对园区月季展起补充作用,丰富人们的游览活动内容(图 4-114~图 4-117)。

3.5.3　月季核心展示区

位于整个园区的中部,主要设置了 6 个省市展园和月季品种园、花语之径、主题广场、左岸花海、月季文化园等景点,是整个园区的核心展示区域(图 4-118)。

图 4-114 展园利用区分区平面图

图 4-115 太和县展园效果图

月季核心展示区的总体景观结构为"一径、一谷、一湖、三园"(图 4-119)。一径指"花语之径":包括月季花廊、金奖月季大道、主题广场等。一谷指月季品种园(闻香谷):包括精品月季、芳香月季、七彩月季和中国月季展示区域。一湖指玫瑰湖:利用原有湖面改造而成,形成左岸花海、临湖平台、沿湖栈道等景观。三园指外省市展园、蔷薇园、月季文化园,蔷薇园包括蔷薇花廊、露地蔷薇展示等;外省市展园包括北京、江苏、浙江、山东、四川、河南 6 个外省市展园,每个占地面积在 3 000 m² 左右;月季文化园包括伊丽莎白、英格丽·褒曼等名人月季园、"和平"月季园、中国古老月季园等月季文化景观。

月季核心展示区剖面图如图 4-120 所示。

（1）花语之径

包括月季花廊、历届月季大会中获得金奖的月季大道、主题广场等（图 4-121～图 4-125）。此区域是进入月季核心展示区的主要通道，起引领游客进入和对外展示的作用。

图 4-116　颍泉展园效果图

图 4-117　道路花镜效果图

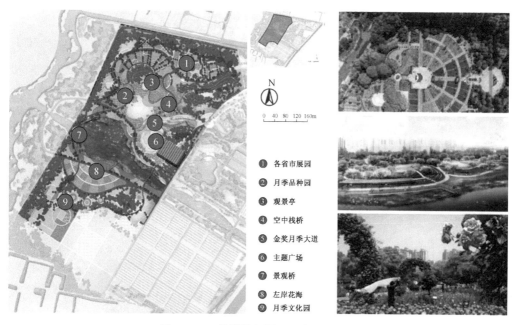

N

0 40 80 120 160m

❶ 各省市展园
❷ 月季品种园
❸ 观景亭
❹ 空中栈桥
❺ 金奖月季大道
❻ 主题广场
❼ 景观桥
❽ 左岸花海
❾ 月季文化园

图 4-118 月季核心展示区分区平面图

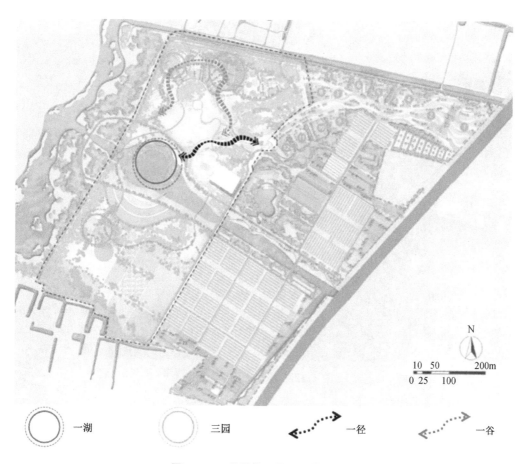

N

10 50   200m

0 25   100

⬤ 一湖   ◯ 三园   ⤝⤜ 一径   ⤝⤜ 一谷

图 4-119 月季核心展示区景观结构

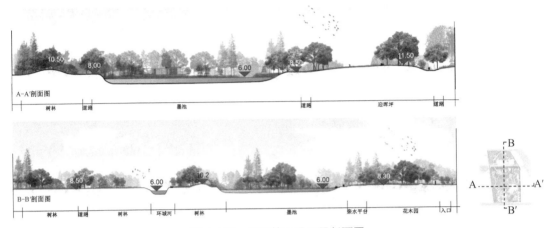

图 4-120　月季核心展示区剖面图

❶ 标识花台
❷ 入口广场
❸ 金奖月季大道
❹ 月季花廊
❺ 花镜
❻ 主题广场
❼ 月季馆

图 4-121　花语之径平面图

图 4-122 标识花台效果图

图 4-123 入口广场效果图

图 4-124 月季花廊效果图

图 4-125　主题广场效果图

（2）月季品种园（闻香谷）

包括精品月季（灌木月季、丰花月季、藤本月季、地被月季、大花月季、微型月季、野生种、古老月季）、芳香月季、七彩月季、省展示区和中国月季园展示区域（图 4-126、图 4-127）。

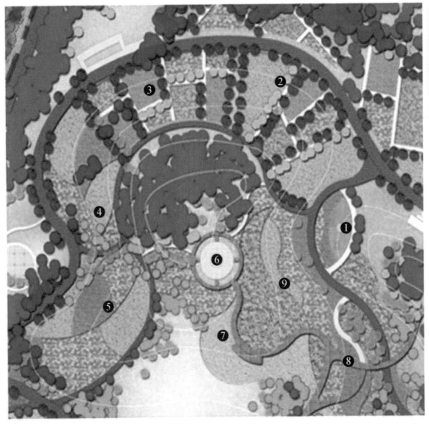

❶ 闻香小憩亭
❷ 四川省展馆
❸ 河南省展馆
❹ 七彩月季园
❺ 中国月季园
❻ 观景垂瞻亭
❼ 精品月季园
❽ 木栈道
❾ 芳香月季园

图 4-126　月季品种园平面图

图 4-127　闻香小憩亭效果图

（3）玫瑰湖

包括节点环形景观桥、异形景观桥、沿湖栈道、滨水花带等（图 4-128、图 4-129、图 4-130）。

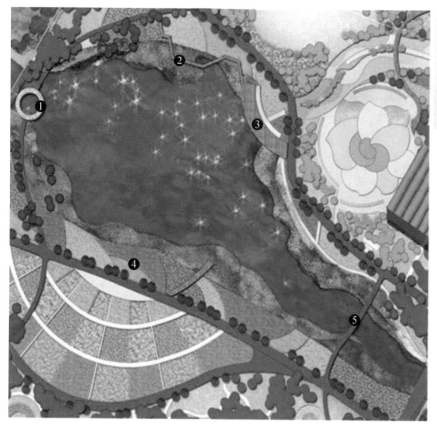

❶ 环形景观桥

❷ 沿湖栈道

❸ 临湖平台

❹ 滨水花带

❺ 异形景观桥

图 4-128　玫瑰湖平面图

图 4-129　环形景观桥效果图

图 4-130　异形景观桥效果图

（4）外省市展园

包括北京、江苏、浙江、山东、四川、河南 6 个外省市展园，每个占地面积在 3 000 m² 左右（图 4-131、图 4-132）。

❶ 次入口广场
❷ 北京市展园
❸ 江苏省展园
❹ 浙江省展园
❺ 山东省展园
❻ 四川省展园
❼ 河南省展园

图 4-131 外省市展园平面图

图 4-132 次入口广场效果图

(5) 蔷薇园

包括蔷薇花廊、露地蔷薇展示等(图 4-133)。

(6) 月季文化园

包括伊丽莎白、英格丽·褒曼等世界名人月季园、经典的"和平"月季园、中国古老月季园等月季文化景观(图 4-134、图 4-135、图 4-136)。

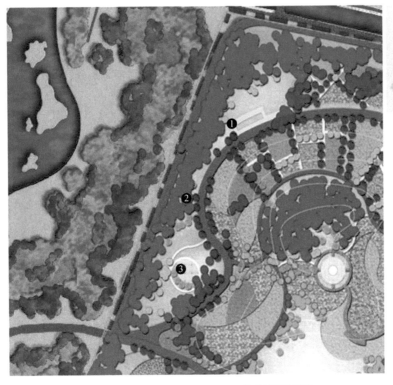

❶ 蔷薇花廊

❷ 露地蔷薇展示

❸ 蔷薇广场

图 4-133　蔷薇园平面图

❶ 左岸花海

❷ 名人月季园

❸ "和平"月季园

❹ 中国古老月季园

❺ 儿童主题园

❻ 生产景观

图 4-134　月季文化园平面图

图 4-135　左岸花海效果图

图 4-136　儿童活动场地效果图

3.5.4　月季种植示范区

　　月季种植示范区承担产业推广功能,主要包括造型月季、盆景月季、小苗繁育、新品种嫁接等高标准示范园,为有生产需求的人们提供机会(图 4-137、图 4-138)。

图 4-137　月季种植示范区分区平面图

图 4-138　造型月季效果图

3.5.5　研发生产区

　　位于园区东侧,主要承担园区的科研、育苗、培育等研发生产功能,包括大面积高标准温室,并且部分温室具有温室采摘、园艺课堂等休闲游憩功能(图 4-139)。

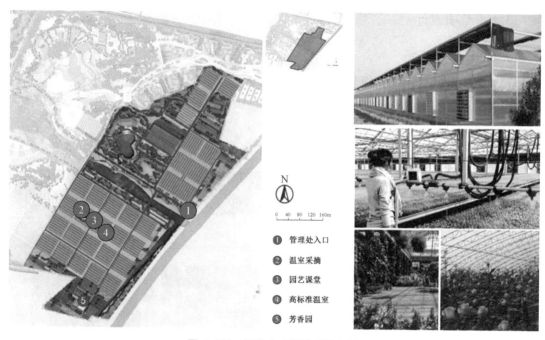

图 4-139 研发生产区分区平面图

3.5.6 外围协调区

位于园区外围,其道路和园区主要道路形成环,在园区举办活动时,其花卉、道路等景观设施可以供人们观赏使用,为其服务(图 4-140)。

图 4-140 外围协调区分区平面图

3.6 专项设计

3.6.1 道路广场

园内道路广场铺装按照分级规划,主园路(6 m)需要通车,以沥青材质和混凝土为主;次园路(3~4 m)人流量大且需要导向性明确,以彩色混凝土为主要材质;高架栈道钢、木结合,以体现简约大气的现代感;游步道包含木栈道、木平台等,以花岗岩等石材和砖为主,以营造舒适的游园环境和休憩环境;广场图案绚丽多彩,用彩色透水混凝土营造热烈的月季展览氛围(图 4-141)。

图 4-141 道路广场材质示意图

3.6.2 游线规划

全园有一个主入口,两个次入口,主要游线贯穿全园。花卉文化主题游线位于核心游览区,局部设置高架桥与特色栈道游线(图 4-142)。

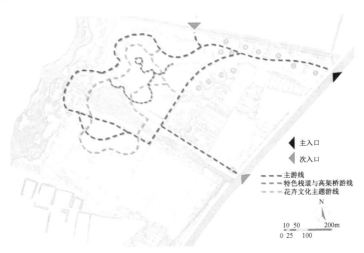

图 4-142 游线规划图

3.6.3 水系驳岸

园内水系驳岸分为软质和硬质两类。其中软质驳岸面积较大,尽可能利用原有岸线,结合水生植物、置石等营造近自然式驳岸环境;硬质部分面积较小,是阶梯式亲水平台,便于游客近水休憩和观赏,增加舒适性(图4-143)。

图 4-143 驳岸规划设计图

3.6.4 设施小品

园内设施小品根据功能分为休憩、服务和装饰三类。休憩设施包括休憩的坐凳和遮蔽性的亭廊,由于展览会人流量大,因此结合树池、花坛等为展览创造弹性休憩空间,保证休憩的需求度;服务设施除去基本的垃圾桶、售卖店和公厕外,还需紧跟时代发展,提供分类垃圾桶、充电设施等,呼吁绿色展会;装饰小品上充分抓住展览会的主题,结合花卉、月季的元素营造热烈的氛围(图4-144)。

图 4-144 设施小品意向图

3.6.5 绿化设计

月季展示区包含4个月季展示园,8个类别,展示品种超过2 000个。其中月季生产区用于月季的生产;展园特色绿化区用于展示省市的主题月季景观;花海种植区以月季为主,结合其他花卉形成花海景观;水生植物区以观赏类水生植物为主,与园内月季花卉观赏一起形成整体的花卉观赏,选种黄菖蒲、再力花等;疏林草地区用来分割园内展示和生产,作为花卉展示的背景,以"乔木+灌木"为主,林地边缘配置少量地被花卉,作为游憩的安静区,选种槭树、银杏、杜鹃等;密林种植区作为园内花卉展示的背景,以常绿树种为主,多为落叶树,如香樟、广玉兰和朴树等(图4-145、图4-146)。

月季展示区

月季生产区

展园特色绿化区

花海种植区

水生植物区

N

10 50   200m
0 25   100

疏林草地区

密林种植区

图4-145 绿化种植分区图

种植设计原则:

(1)以乡土植物为主

园内绿化所选用植物品种以安徽阜阳地区常见品种为主,尊重植物生态习性,打造良好的生态系统。

(2)打造月季特色

为突出月季的主题,园内除去单独的月季展示园外,还结合其他植物形成特色景观,或者以其他植物为背景,突出月季景观。

(3)丰富植物景观

设计手法上结合地形设计,打造丰富的植物景观,同时配以部分特色展示品种,常绿与落叶相结合,四时有景。

月季展示区中主要包含月季品种园(闻香谷)的四个园区:精品月季园、芳香月季园、七

图 4-146　植物名录

彩月季园和中国月季园。其展示品种超过 2 000 个,包含灌木月季、丰花月季、藤本月季、地被月季、大花月季、微型月季、野生种和古老月季等八个类别(图 4-147)。

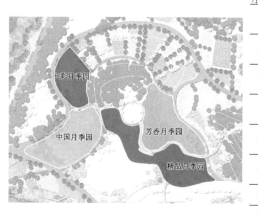

序号	类别	代表品种
1	S (灌木 月季)	亚伯拉罕达比、阿罗哈、安琪儿、巴维迪尔、比特毛茛、波提切利、草莓山、超级绿色、朝圣者、大丰收、仿古浪漫、风中玫瑰、古色浪漫、贵族礼光、红苹果、辉夜、惑星、金枝玉叶等
2	F (丰花 月季)	大地主、钢管乐队、蓝色风易、说愁、玉藻、莫海姆、萨曼莎、仙境、约定、玛丽安、初夜、丁香金典、粉钻、贵族香水、果汁阳台、流星雨、永远的莫斯科、小闪电、达梅思、安东尼等
3	CL (藤本 月季)	安吉拉、大游行、冬梅、读书台、蓝月亮、御用马车、灰姑娘、粉龙、蜂蜜焦糖、欢笑、莎士比亚、抓破美人脸、等待的情人、哥伦布、姜乳酒、马文山、生之息、爱慕、情书等
4	GC (地被 月季)	巴西诺、粉色天鹅、黄地被、金色地毯、白米农、多俏、多娇、芭蕾舞女、海泡石、伊莎贝尔、文艺复兴、假面舞会、协奏曲、加百利等
5	HT (大花 月季)	白玫瑰王、绯扇、福音、钢琴、红柏林、红法兰西、美国骄傲、美洲虎、莫尼卡、全美小姐、彩云、黄和平、金凤凰、绿野、巴黎女士、日冕、蜻蜓、柠檬水、羊脂香水等
6	MIN (微型 月季)	宫古、榴花秋舞、星条旗、金太阳、白科斯特、小女孩、新生冰川、巴洛克、浪漫阳光、紫水晶、浪漫宝贝、蔷薇妖精、父亲节、美梦、黄色美人、人文、耐格、艳粉等
7	野生种	大马士革玫瑰、粉团蔷薇、木香花、七姐妹、四季白玫瑰、四季玫瑰、无刺蔷薇等
8	古老 月季	绿萼、紫袍玉带、春水绿波、月月红、青莲学士、云蒸霞蔚、紫燕飞舞、湖中月、紫系绒、月月粉等

图 4-147　月季展示区种植设计图

3.6.6　灯具照明

园内照明分为道路、广场和其他景观照明三类,以安全、经济和环保为基本原则,结合园林风格和展览特色需求,营造舒适、安全的照明环境。道路景观照明按照道路级别分为三级;广场照明除明视照明之外,还利用灯带、射灯营造热烈的氛围;其他景观照明包括对植物、小品的投射和建筑的照明。照明系统尽可能采用新型太阳能灯,实现低能耗,提倡绿色环保(图 4-148)。

图 4-148　照明设施意向图

3.6.7　标识系统

园内标识系统包括导览标识、指示标识、定位标识、科普介绍标识、文明提示标识和警示标识,在满足功能性的同时,充分贴合园区设计主题,体现艺术性。其材料以木为主,可和谐地融入自然环境,局部结合钢材,体现简约大气的现代感,将月季花抽象提炼成的图案融入其中,烘托热烈的会展氛围(图 4-149)。

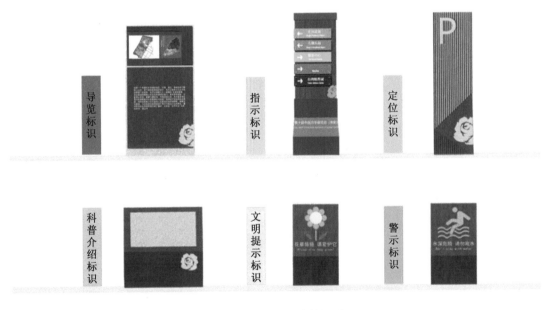

图 4-149　标识系统效果图

3.6.8　生态设计

园内生态措施分为透水铺装、环保材料、节能灯具和雨水管控四类,在规划设计中坚持生态环保的发展理念,尽可能节约资源,利用生态理论和环保科技进行人与自然的融合,减少人类活动对环境造成的负面影响,实现环保循环(图 4-150)。

图 4-150　生态设计意向图

3.7　经济技术指标

3.7.1　技术指标

表 4-7　技术指标

序号	用地类型		规模/m²	小计/m²	百分比
1	道路铺装	提升道路	11 136	28 295	9.92%
		新增道路	8 503		
		硬质广场	8 448		
		木栈道	208		
2	水体		25 360	25 360	8.89%
3	绿化	景观绿地	33 398	226 945	79.55%
		月季展示	133 556		
		月季生产	60 000		
4	建筑	配套建筑	1 200	4 700	1.65%
		设施建筑	3 500		
	小计			285 300	100%

备注:仅月季核心展示区和月季种植示范区参与指标平衡,其他区域有前期花博会的基础,适度出新即可利用,不参与指标统计。

3.7.2 造价估算

表 4-8 造价估算

序号	工程名称		工程量	单位	单位价格/元	金额/万元	总价/万元
1	景观小品工程	景观小品	8	组	100 000	80	80
2	道路工程	提升道路	11 136	m²	100	111.36	1 012.13
		新增道路	8 503	m²	300	255.09	
		硬质广场	8 448	m²	300	253.44	
		景观桥	2	座	1 500 000	300	
		高架栈道	1 036	m²	800	82.88	
		木栈道	208	m²	450	9.36	
3	水景工程	硬质驳岸	100	m²	600	6	26.7
		软质驳岸	690	m²	300	20.7	
4	绿化工程	景观绿地	33 398	m²	250	834.95	4 108.25
		月季展示	133 665	m²	200	2 673.3	
		月季生产	60 000	m²	100	600	
5	建筑	配套建筑	1 200	m²	2 500	300	650
		设施建筑	3 500	m²	1 000	350	
6	标识系统					150	150
7	其他工程	照明、排水					482
8	月季引种费					4 342	4 342
	小计						10 851.08

备注:月季核心展示区和月季种植示范区包含土壤改良费用,设施建筑为原有温室改造,其他区域设施出新不计入本次规划工程造价。

4. 盱眙黄庄环境整治

该案例为盱眙黄庄环境整治规划设计,属于以农业生产为主的农业综合类项目。本项目综合考虑村落周边环境和村庄空间形态,将村庄资源有机整合,依托现有产业优势,挖掘村落文化特色,打造乡村花卉苗木产业链,最终建成以生态农业和苗木为主,兼具旅游服务业,附带较为完善的乡村旅游设施、产业配套设施的美丽乡村。

其休闲农业景观营造特色主要表现为:合理进行产业引导,结合原有苗木产业,拓宽农业产业体系,优化产业结构;发展以作物种植、加工、科研和农副产品购销等为主的生态农场;开辟"公司+农户+网络"的新型产业模式。与此同时,发展乡村休闲旅游,充分利用乡村优美的自然环境和生物资源,植入采摘、垂钓、农家乐等内容,并完善基础设施、服务设施。在景观营造上尊重场地,利用原有农田地形,适当选用观赏型经济作物,如油菜花等,形成特色大地景观;通过民居建筑风貌控制与传统建筑保护等手段,保护原乡风貌,唤醒"回归感",打造出一派悠然的田野风光。

4.1 项目背景

4.1.1 区位分析

黄庄村在 2018 年前隶属盱眙县兴隆乡,2018 年 7 月乡镇优化,将兴隆乡与管镇镇合并,设立管仲镇。该镇位于县城西北部,北临洪泽湖,南临淮河,东交淮河镇,境内有 G235 国道和新扬高速公路,交通便捷,距县城 15 km。黄庄村位于管仲镇内,北接镇界,南邻刘岗村、牌坊村(图 4-151～图 4-153)。

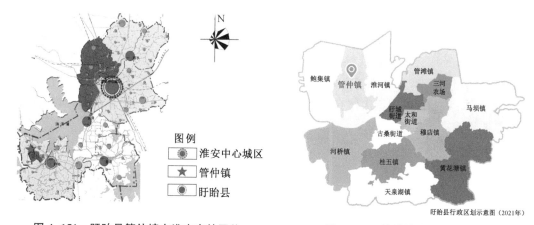

图 4-151 盱眙县管仲镇在淮安市的区位

图 4-152 管仲镇在盱眙县的区位

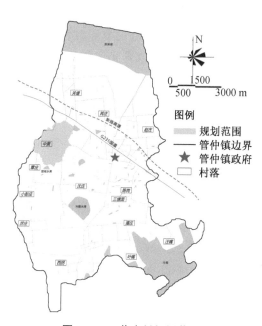

图 4-153 黄庄村规划范围

4.1.2 上位规划要求

美丽乡村的整体规划要严格按照《江苏省村庄建设规划导则》《江苏省美丽乡村建设示范指导标准》《盱眙总体规划》等上位规划要求,根据自身的自然资源、人文资源、历史资源特色,建设具有盱眙县乡土特色的美丽乡村。

4.2 现状分析

4.2.1 村庄现状基础与资源特色

(1) 自然条件

① 地貌:盱眙黄庄村面积约 5 000 亩,境内地形为岗丘兼湖荡,岗湖各半,属于山清水秀之村。全村境内生态环境良好,自然资源丰富,保留了纯真的乡土气息。主要自然景观有:农田景观、水体景观、高堤景观、沟渠景观、村落景观、植物景观等。

② 气候:黄庄村地处北亚热带与暖温带过渡区域,属季风性湿润气候。四季分明,季际、年际变异性突出,春季气温回升快,秋季降温早,春、秋两季度光照足,昼夜温差大。

③ 水体:黄庄村内现状水体有保留的水湾、水塘和人工水渠。大部分水质较好,有较好的水生植物和动物资源。

④ 绿化:现状绿化主要包括道路绿化、滨水绿化、农田林网绿化、苗圃绿化、村落绿化等多种类型,主要以乡土树种为主,植物种类丰富多样。

(2) 周边历史人文资源

黄庄村紧邻兴隆寺,此次将兴隆寺纳入环境整治范畴,可利用兴隆寺的文化特色丰富场地的历史人文资源。兴隆寺又名费家庙,始建于清万历年间。寺庙建好后,人来人往,香火不断,每逢正月十五元宵节、农历七月三十的庙会还会有舞龙舞狮项目,敬香和生意的人们络绎不绝,人山人海,生意兴隆。据此,后人将费家庙改称兴隆寺。"文革"期间寺庙被毁,1989 年恢复重建,2008 年 6 月,举行整堂佛像开光仪式(图 4-154)。

图 4-154　兴隆寺现状

(3) 现状用地类型分析

黄庄村规划用地 9 ha,目前有 6 个自然村落,周边地势较为平坦,大部分为耕地、农田。现状用地以大片农田为主,建设用地基本以村庄建设用地为主(表 4-9,图 4-155)。农业以种植水稻为主,小麦、玉米、油菜为辅。

绿化用地主要为农田、苗圃和滨水用地。其中现状场地以农田为主,小面积的水塘遍布农田用地,水体资源较为丰富,自然环境好。现状场地中部分为苗木基地,约800亩,主要种植栾树、朴树、石楠等,总投资1000万元,已申报成为省级生态农业示范项目。场内水体资源丰富,灌溉渠遍布各个部分,形成水网,场地北有两处面积较大的水塘。

表4-9　土地利用现状

序号	类别代号			类别名称	面积/ha	占城乡用地比例/%
	大类	中类	小类			
1	H			建设用地		
		H1	H14	村庄建设用地	62.24	11.37
2	E			非建设用地		
		E1		水域	62.17	11.35
		E2		农林用地	423.20	77.29
城乡用地					547.57	100

图4-155　土地利用现状图

（4）现状道路交通分析

村庄毗邻S49新扬高速公路和S121省道,距盱眙县城27 km,交通便捷。村庄主要道路宽度大于4 m,路面为水泥混凝土路面;村庄次要道路宽度为2.5 m,多为田间道路;村内无回车场地,停车设施缺乏。

　　道路主要可分为两级,一级道路为贯穿规划范围的三条主要干道,分别为牌黄线、黄冉线和宗黄线,其次为二级道路,主要为村落内部穿行线路(图4-156)。

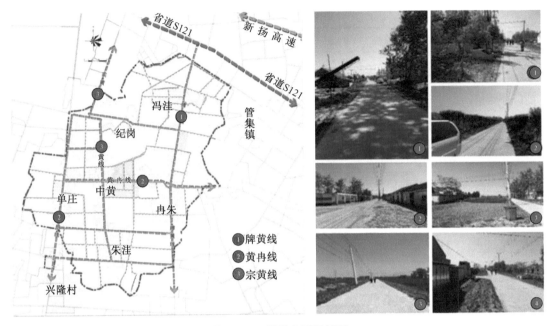

图 4-156　道路交通现状图

　　① 道路绿化:黄冉线东西向绿化质量好、绿化种类丰富;牌黄线北段道路绿化较为丰富,但绿化质量不佳;其他路段存在少量绿化,绿化质量不高。

　　② 道路质量:规划范围内的主要交通线路道路质量都较好,道路宽度基本符合乡村建设规范。

　　总体而言,一级道路总体绿化尚欠缺,道路总体质量尚良好,二级道路绿化及道路质量较差。

　　(5)现状建筑分析

　　① 建筑质量评价

　　通过对规划区内现状建筑的调查研究,可对其进行分级,主要分为以下三个等级(图4-157)。

　　一类建筑:村落中按照一定标准新建的组合建筑或者单个建筑。基本符合美丽乡村建设标准,建筑质量较好。

　　二类建筑:村落中近十来年修建得较美观、舒适,具有当地传统乡村特色的建筑。建筑质量一般,需修整。

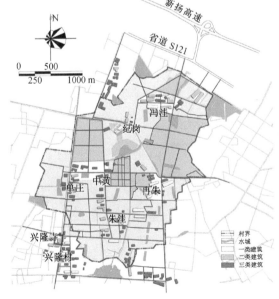

图 4-157　现状建筑质量评价图

三类建筑：村落中陈旧的农村房屋，与"美丽乡村"整体规划相违背，不统一，需要重建。

② 建筑风貌分析

黄庄村的建筑风貌多样，主要表现为不同建筑年代所呈现出的不同年代特征，可分为建筑风貌好、建筑风貌一般、建筑风貌差三类建筑。其中风貌较好的建筑包括现有寺庙、2层或3层的新建建筑，建筑风貌一般的建筑多为乡村原有建筑（图4-158）。

总体而言，建筑从乡土风味逐渐到现代的建筑风格，整体风貌不够统一，特色不够明显。

图4-158　现状建筑风貌分析图

（6）现状水体分析

现状水体有自然形成的水湾、人工挖掘的水塘和水渠。其中水湾岸线蜿蜒，水生植物丰富，水质较好。水塘多用于灌溉和养殖。水渠水质较差，有待改善。水体周边多有较好的植物群落景观，有野鸭、野鸟等动物资源（图4-159）。

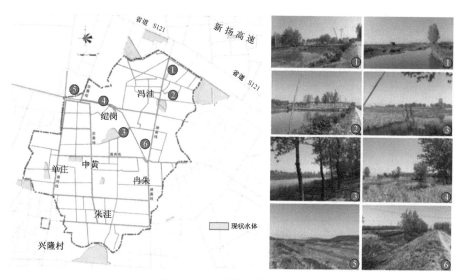

图4-159　现状水体分析图

（7）现状绿化分析

现状绿化主要包括：道路绿化、滨水绿化、苗圃绿化、村落绿化、农田林网绿化等多种类型，主要以乡土树种为主，植物种类丰富多样（图4-160），其绿化特点如表4-10所示。

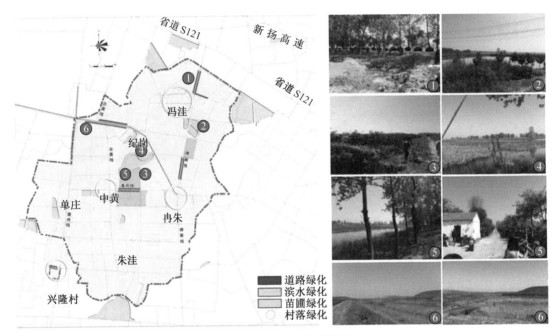

图4-160　现状绿化分析图

表4-10　绿化特点分析

绿化类型	树种	绿化特点
道路绿化	主要以杨树为主	部分道路绿化较好,树木高大,乡土气息浓厚
滨水绿化	杨树、部分水生植物	结合水湾,景观良好,滨水树木成荫
农田林网绿化	以农作物小麦为主,成片种植	部分地区农田依据地形成阶梯状,视线开阔,有较高的景观价值
苗圃绿化	石楠、紫叶李、红枫等景观苗木	以生产为主,植物层次相对单调,色叶植物大面积种植观赏性较强
村落绿化	杨树、枣树、榆树、香樟等乡土植物	主要分为公共空间绿化和庭院空间绿化,主要特点为以满足日常生活所需为主,缺乏景观性

（8）现状空间特色要素分析（图4-161、表4-11）

表4-11　空间特色要素

标号	资源名称	位置	景源类别	基本评价	保护利用要求
①	水渠	村落中上位置	城乡景观	水渠风貌一般	营造水渠活水景观
②	水湾	纪岗、中黄各一	水景	环境天然优美	打造生态水景
③	苗圃	中黄村	园景	风貌一般	突出生态特色

标号	资源名称	位置	景源类别	基本评价	保护利用要求
④	林网	中黄、冯洼各一	生景	自然淳朴	尽量保持现有风貌
⑤	晒场	冉朱村	建筑	人工新建	成为集会交流场所
⑥	兴隆寺	兴隆村	史迹	经过修缮	引导保护
⑦	防护绿地	兴隆村	景地	风貌一般	优化绿色景观
⑧	自然村落	整个黄庄村	城乡景观	自发形成	可以引导改造

图 4-161 现状空间特色要素分析图

（9）典型特色空间场所分析

① 冯洼村：冯洼村作为黄庄村落的主要入口,其重要程度可见一斑。

·村口

村口作为村落的标志性地点,对其景观资源的利用可极大提升村口的景观形象,成为村落的点睛之笔。村口处主要存在两类优势资源——水体、植被。有一处裸露基础设施位于交叉口东南侧。

·特色空间

主要为村落的一些聚集场所,包括植物资源较好的空间以及主要的宅前空间及部分庭院空间。

图 4-162 为主要的村落特色空间:村落主要出入口两侧、建筑东侧荫地、植物资源质量较好的位置以及部分住宅门前局部场地。

② 冉朱村：冉朱村位于黄庄村东南方,牌黄线穿村而过(图 4-163)。

图 4-162　冯洼村村口特色空间场所分析图

· 村口

道路：路面质量较好，行道树为高杆女贞。

植物资源：种类多为农作物或野生植物，植物景观层次杂乱。

建筑风格：新老建筑风格差异较大。

· 综合服务中心

黄庄综合服务中心位于黄庄村冉朱村，占地面积约 800 m²，建筑面积约 440 m²，整体结构为三层楼房。建筑前面的广场可作为冉朱村特色空间进行规划。广场位于村庄中心处，牌黄线东侧，人流较为集中；路面现状为水泥铺面，有村庄宣传栏，广场周边有一定绿化基础（图 4-163）。

图 4-163　冉朱村村口特色空间场所分析图

③ 中黄村：中黄村村口位于两条道路十字交叉入口处，宗黄线穿村而过（图 4-164）。

· 村口

道路：缺少行道树，入口空间不够开敞，缺乏具有特色的村庄入口标志。

植物资源:种类多为农作物或野生植物,植物景观视觉效果较差。

建筑风格:入口建筑外立面视觉效果较差,新老建筑风格差异较大。

· 特色空间

中黄村的特色空间为已经荒废的小学和敬老院,可充分利用其现状,塑造富有特色的景观空间,以供人们休憩活动。

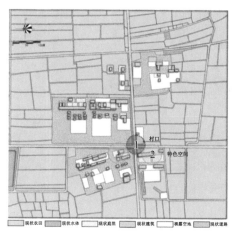

图 4-164 中黄村村口特色空间场所分析图

④ 兴隆寺:兴隆寺位于黄庄村西南,在黄庄村村域之外(图 4-165)。

道路:路面质量较好,场地开敞,面积较大。

植物资源:植物种类多以体现寺庙特色为主,主要有圆柏、杨树。

建筑风格:建筑风格独特,色调明显,景观性较强。

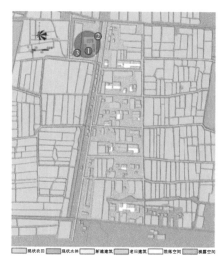

图 4-165 兴隆寺特色空间场所分析图

⑤ 苗圃

苗圃位于场地中部,中黄和冉朱自然村之间。以生产景观苗木为主,主要树种包括石楠、紫叶李、国槐、乌桕、高杆女贞、朴树、龙爪槐、枇杷、海棠、香樟、柳树、榉树、黄杨、红枫、桂花等,大面积整片种植,景观效果较好(图4-166)。

图 4-166　苗圃特色空间场所分析图

（10）景观资源现状分析

景观资源主要包括农田资源、滨水资源、村落资源、人文资源、苗圃资源(图4-167)。其存在的核心问题是：

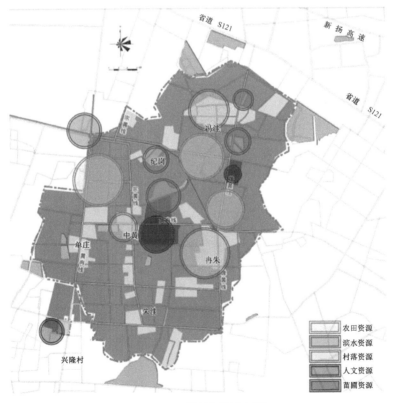

图 4-167　景观资源分析图

① 村庄基础及公共服务设施缺乏。

② 资源利用率低,良好的旅游载体缺乏项目,具有较大的开发潜力。

③ 各类景观资源单一、分散,未形成体系性的景观,景观资源特色不明显。

④ 村庄文化资源较差,文化元素单一,无法彰显村庄特色。

(11) 公共设施现状分析

公共服务设施布局较为集中,分布于黄庄村中部地区,面积较小,设施多较为破旧(图 4-168),公共设施现状如表 4-12 所示。

图 4-168　公共设施现状分析图

表 4-12　公共设施现状

项目名称	位置	基本现状
小学	中黄村	原小学已搬迁,现建筑闲置
卫生所	中黄村	较为破旧老损
敬老院	中黄村	排列整齐,但建筑破旧
公共厕所	中黄和冉朱村	脏乱
综合服务中心	冉朱村	建筑整洁,为新建
兴隆寺	兴隆村	近年翻修,面貌较好

续表

项目名称	位置	基本现状
自来水增压站	冯洼村	外观整洁
变电站	冯洼村	外观整洁
体育健身场	中黄村	大多数时间闲置
小超市	冯洼村	服务范围有限

（12）市政工程设施现状分析（图 4-169）

电力电信：村庄供电加压设施齐全，无邮电设施，村庄部分农户家安有卫星接收器，移动电话信号已覆盖全村，村庄有有线电话。

给水排水：村庄沿主要道路分布有地面沟渠以及地下给水线路，现已实现主体通水，能满足村民生活用水需求。村庄雨水排污设施缺乏（正处于建设中），无雨污分流系统，雨水、污水自然排放，部分流入村周边沟渠。

能源利用：村庄无天然气管道，农户以瓶装液化气、木柴、煤为主要燃料。

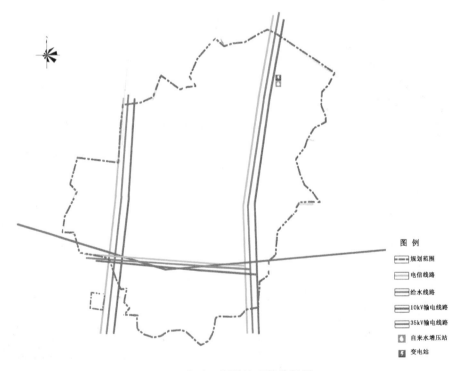

图 例

⊏⊐ 规划范围
⊏⊐ 电信线路
⊏⊐ 给水线路
⊏⊐ 10kV输电线路
⊏⊐ 35kV输电线路
⊞ 自来水增压站
⊞ 变电站

图 4-169　市政工程设施现状分析图

环卫设施：村庄环境卫生设施尚待完善，无公共厕所，有垃圾收集点和少量垃圾桶，但视觉质量较差，需改造。

（13）村容村貌现状分析

黄庄村包含六个自然村落，都是自然形成的村落而且以发展一产为主，故自然环境优美、村落形态活泼，较为有特色。由于村落建设较为随意，因此存在以下几个问题：

① 房屋建设风格差距大

黄庄村建筑新旧、风格、层次不一,自然村与自然村之间的建筑风格也相差较大。并且无统一规划,多为自然形成的村落,无科学引导。

② 村庄环境资源分布松散

黄庄村有众多的水湾、水渠、林网等景观资源,但是分布都较为分散,环境整治统一较为困难,并且未能得到很好的应用。

③ 村容村貌较为脏乱

环卫垃圾处理较随意,污水垃圾问题突出。

4.2.2　SWOT 分析

S(优势):交通区位优势明显;水资源丰富;村庄空气、水质、土壤优良,生态环境较好,保持了纯真的乡土气息;具备特色苗圃林业。

W(劣势):房屋建设风格差距大;基础设施有待加强;村庄资源分布松散;村容村貌较为脏乱。

O(机会):国家大力提倡"美丽乡村"建设;当地政府及上级部门的重视和支持;当地自然资源丰富,谨慎规划可形成别具一格的乡村生态景观。

T(挑战):生态效益、社会效益与经济效益的平衡;保护与开发之间的协调。

4.3　村域发展规划

4.3.1　总体规划

依托现有产业优势,挖掘本村文化特色,打造乡村花卉苗木产业链,建成以生态农业和苗木为主,兼具旅游服务业,附带较为完善的乡村旅游设施、产业配套设施的美丽乡村。

4.3.2　规划目标

(1)统筹城乡经济社会发展

有序推进新农村建设,促进城乡"五个一体化",促进城镇化健康发展和提升乡村地区发展水平。

(2)建设美丽乡村

建设生态宜居村庄美、兴业富民生活美、文明和谐乡风美的美丽乡村。

4.3.3　规划策略

(1)生态优先

保护可持续发展的核心资源。

(2)产业与生活方式引导

结合村庄现代生活方式,拟将 6 个居民点合为 3 个集中居民点,以节约建设用地;结合原有产业特色,拓宽农村产业链,适度发展特色旅游业。

(3)文明文化指引

整合建筑风貌延续、打造文化标识、建设入口景观标志;遵循乡村空间尺度;结合现状公共空间进行景观提升设计改造。

（4）基础设施、服务设施现代化

分类配置、标准适宜；加强与乡镇、县城、市区的交通联系，完善村内步行系统；雨污
分流。

4.3.4　产业布局及功能分区

综合考虑黄庄村周边的自然条件和村庄的空间形态，规划构想以更新土地经营理念为
触媒，将村庄资源有机整合，塑造成一个集体验、居住、休闲、展示等多功能于一体的美丽乡
村。产业布局及功能分区如图 4-170 所示。

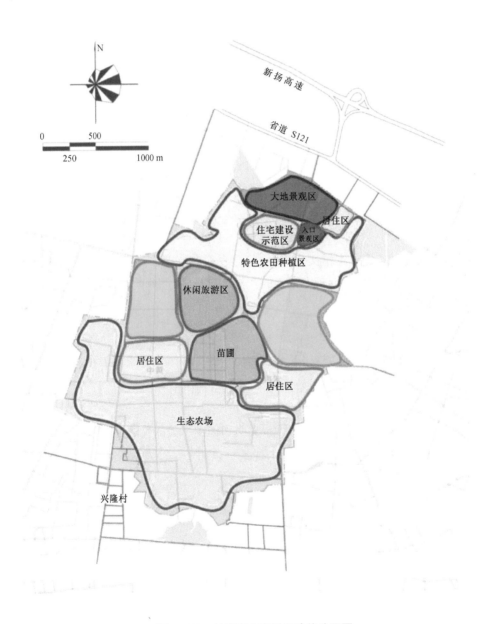

图 4-170　村庄产业布局及功能分区图

（1）入口景观区

入口是美丽黄庄的形象大门，看到入口便能想到黄庄的美好。结合路边水池与周边绿化，塑造自然、生态、美观，具有黄庄特色的风景。入口附近配置休闲广场，主题为"农民公园"，为农民休闲、娱乐、健身提供场所，丰富农民业余生活，展现美丽乡村充满活力的一面。

（2）大地景观区（炫彩花田＋特色农田）

炫彩花田：入口种植大片的油菜花，油菜花开时，大片黄色，景色壮丽动人，美观与经济效益相结合。

特色农田：结合当地自然景观，在具有独特自然肌理的耕地上种植乡土植物，形成黄庄特色大地景观。

（3）生态农场

发展生态农场，主要包含种植、加工、科研和农副产品购销等。主要作物有绿色有机稻米、无公害蔬菜等。

（4）休闲旅游区

观光（观鸟、观花田）＋休闲（野趣、漫步）＋体验（垂钓、采摘、品尝）

种植各种宜观、宜食、宜采的果树，开发各种乡村体验活动，使游人在感受采摘欢乐的同时，回归自然，修养身心。

（5）苗木科研育种区

创新苗木经营理念和经营模式，加大在苗木科研育种方面的投资，用科技指导种植。探索发展"公司＋农户＋网络"的新型产业模式，减少劳动力外出，提高农民收入水平。

（6）规划居住片区

在上位规划的指导下，将原有的 6 个自然村落整合为 3 个村民居住点，以满足美丽乡村集约建设用地的原则。完善居民点的基础服务设施、市政服务设施，加强居住区内村民精神文化生活的建设，增强邻里交流联系，构建美丽和谐村庄。

重点打造冯洼居住点，将冯洼打造为美丽乡村住宅建设的示范区。

4.3.5　土地利用规划

土地利用规划如图 4-171 所示。

4.3.6　道路交通规划

道路交通规划如图 4-172 所示。

（1）村庄出入口

设置五处入口：主入口有四处，分别设在南北通行线上，其中北侧与省道对接。东侧设一处次入口，与村内苗木生产、旅游休闲相连，打造农业生态景观。

（2）村庄主干道

村庄主干道以黄冉、宗黄、牌黄三线为主，基本保持现状不变，因村庄撤并，把连接铁佛镇的道路变为次干道，把村庄南侧连接朱洼村的主干道变为次干道。主干道道路宽 5 m，如图 4-173 所示。

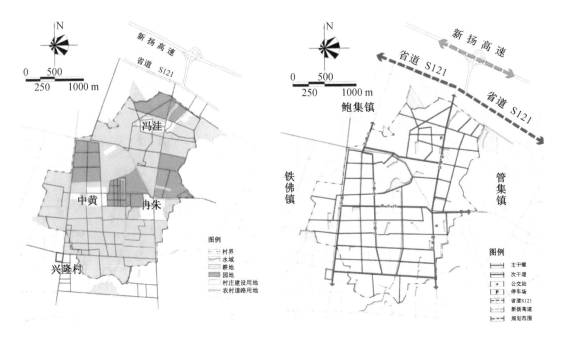

图 4-171　土地利用规划图

图 4-172　道路交通规划图

（3）村庄次干道

村庄次干道以现状内部道路体系为主，在居民点集中安置后增设删减一些支路，在村庄入口处和休闲旅游区设置沿湖环路，内部肌理基本不变，道路宽 3 m，如图 4-174 所示。

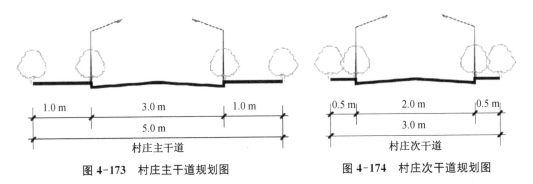

图 4-173　村庄主干道规划图

图 4-174　村庄次干道规划图

（4）村庄道路铺装

村庄主要道路宜采用硬质材料为主的路面，次要道路与宅间道路路面可根据实际情况采用乡土化、生态型的铺设材料。保留和修复现状中富有特色的石板路和青砖路等传统巷道。

4.3.7　村容村貌整治规划

按照《江苏省村庄规划导则》的要求，村容村貌整治主要包括农房整治、环境整治、绿化修复和调整、道路通达、环境优化、设施完善、资源普查和保护等工作内容，需达到以下 8 个美丽建设目标：美丽村口、美丽邻里、美丽庭院、美丽门户、美丽道路、美丽林果、美丽生态、美丽文化。

美丽村口：形成具有典型乡村地域风貌、特色鲜明的村口风貌景观。

美丽邻里：建设至少一处乡村传统邻里生活的交往场所，适当装饰乡村生产及生活符号（戏台、谷场），复兴乡土文化。结合乡村环境塑造，可以古树名木为中心，塑造具有地域特点的村民集会交流的公共活动场所，形成村庄具有文化底蕴的景观。

美丽庭院：美化农户庭院或者门前场地，建设园艺化家园。

美丽门户：农户入口应具有特色鲜明、风格一致的景观风貌。

美丽道路：通过道路绿化及路牙的园林化处理，丰富路面场地，设置道路路灯及个性化指示牌，完善道路体系，达到景区化道路效果。

美丽林果：大力发展苗木产业、种植乡土经济树种，形成道路河道乔木林、房前屋后果木林、村民活动场所休憩林、村庄周围护村林的村庄绿化格局。

美丽生态：水岸修复、垃圾生态处理、污染治理、设施优化。

美丽文化：以提高村民生态文明素养、形成农村生态文明新风尚为目标，加强生态文明知识普及教育，积极引导村民追求科学、健康、文明、低碳的生产生活和行为方式，增强村民的可持续发展观念，构建和谐的农村生态文化体系。

4.4　环境整治内容

4.4.1　规划构思

（1）目标定位

构建美丽乡村、感受乡土情怀、体验农家休闲、领略自然风光、展示新农村建设成果。

（2）设计原则

① 生态优先原则

在美丽乡村的规划建设中要优先做好生态保护工作，注重自然资源的整合，实现乡村的可持续发展。

② 因地制宜原则

根据不同自然村落的未来发展定位和自身发展特点，制定不同的规划目标和发展策略，充分实现资源的优化配置，避免资源的浪费。

③ 以人为本原则

在美丽乡村的建设中，一切以村民的切身利益为出发点，充分发挥政府部门的宏观调控职能，切实改善村民的生活环境，提高村民的收入水平。

④ 体系合理原则

充分发挥村落自然资源和人文资源优势，以乡村企业带动乡村旅游发展，优化产业结构，激活农村经济，实现经济和社会的可持续发展。

（3）设计策略

① 基础先行：项目将以提升村民生活质量与村庄风貌为准绳，优先扩大村中基础设施、公共设施的覆盖范围，提高其服务品质。

② 多产联动:利用村庄特有农业资源和苗圃资源带动村庄可持续发展,在大力发展苗圃产业的同时开发适宜当地情况的旅游项目,提升居民的生活水平和生活质量,切实提高居民的幸福指数。

③ 构建体系:规划引导实现由同质分散到差异聚整,提高农村建设的可实施性。通过增加绿地和开放空间,构成集水、田、屋舍、庙宇于一体的景观资源体系。

④ 乡土生态:对村庄风貌进行整体改造,梳理村庄特色要素和文化要素,以营造乡村良好生活环境。充分利用现有绿化资源,在树种上选用当地特色乡土树种,营造出富有特色的植物群落,着重打造道路、滨水、农田等景观。

4.4.2 整体布局

(1)总平面图

项目总平面图如图 4-175 所示。

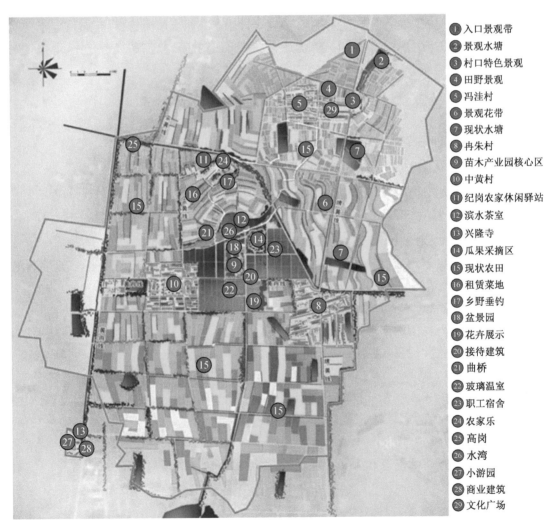

① 入口景观带
② 景观水塘
③ 村口特色景观
④ 田野景观
⑤ 冯洼村
⑥ 景观花带
⑦ 现状水塘
⑧ 冉朱村
⑨ 苗木产业园核心区
⑩ 中黄村
⑪ 纪岗农家休闲驿站
⑫ 滨水茶室
⑬ 兴隆寺
⑭ 瓜果采摘区
⑮ 现状农田
⑯ 租赁菜地
⑰ 乡野垂钓
⑱ 盆景园
⑲ 花卉展示
⑳ 接待建筑
㉑ 曲桥
㉒ 玻璃温室
㉓ 职工宿舍
㉔ 农家乐
㉕ 高岗
㉖ 水湾
㉗ 小游园
㉘ 商业建筑
㉙ 文化广场

图 4-175 总平面图

（2）景观结构

规划形成"一脉串四核，三横三纵连三片"的景观结构（图4-176）。

一脉：村庄环境重点整治脉。该脉以主要道路连接了冯洼居民点、纪岗旅游区、苗圃核心生产区和兴隆寺游览区，是本次景观打造的重点。

四核：分别指冯洼居民点、纪岗旅游区、苗圃核心生产区和兴隆寺四处核心规划点。

三横三纵：分别指村庄中三条主要横向道路和三条纵向道路。以主干道将全村三个居民点、苗圃生产区和休闲旅游区串联起来，形成完整的交通游览体系。

三片：分别指居住片区、旅游片区和生产片区。其中居住片区包括冯洼、冉朱、中黄；旅游片区包括兴隆寺和纪岗村；生产片区包括苗木生产区和有机农田生产区。

（3）功能分区

规划将场地分为六大区，分别为入口景观区、居住区、苗圃区、农田景观区、休闲旅游区和有机农田区（图4-177）。

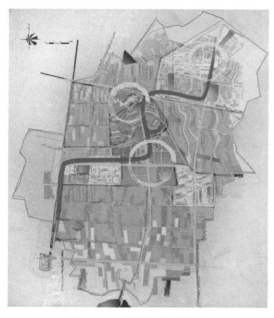

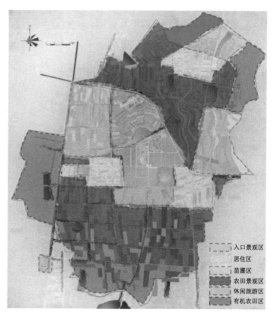

图4-176 景观结构分析图　　　　　　　图4-177 功能分区图

入口景观区：作为高速出口到村庄间的过渡，利用标识牌、景观树、特色花带并结合现状水塘打造出具有本地特色的入口区。

居住区：规划冯洼、冉朱和中黄三处居住区，其中冯洼村为本次"美丽乡村"规划和环境治理的重点村。

苗圃区：以现状苗圃为核心，新增东西两片。在原有种植基础上还增加了特色苗木展示、新品种开发、大棚栽培、盆景园和采摘园等。

农田景观区：利用原有农田地形，适当种植乡土草花，打造开阔悠然的田野景观。

休闲旅游区：包括纪岗村和兴隆寺，其中纪岗村结合自然水塘等景观发展农家乐、骑行、驿站等旅游项目;兴隆寺在原有的基础上,对其周边环境进行了修缮,增加了周边广场面积,并通过绿道和纪岗休闲区相连。

有机农田区:对现状农田进行整治与管理,结合相关技术手段将传统农田区打造为有机农田区。

4.4.3 重要节点空间设计

(1)冯洼

冯洼居民点通过黄牌线与高速相连,交通最为便利(图4-178)。现状村庄建筑质量较好,但风貌不一。按照"美丽乡村"规划标准,在进行基本环境整治的同时,应结合原有场地特色,在村庄入口处规划村入口景观带、村口标识、休闲健身广场,其中休闲健身广场配备有景亭、篮球场等设施(图4-179、图4-180)。村中规划建设文化中心、文化展示广场、休憩木台等特色景观(图4-181),以提高居民生活环境质量,打造盱眙"最美乡村"。

冯洼居民点入口设计结合现状水塘,在保留现有杨树林的基础上种植特色苗木和乡土草花带,营造出具有当地特色的入口景观。冯洼居民点主干道两旁绿化采用"乔-灌-草"的种植方式,乔木采用当地树种,如杨树、榆树等;灌木采用红叶石楠、黄杨等;地被层配以乡土草花。对居民点宅前屋后绿化进行了整治,适当增加花池树池,植物采用自然式种植(图4-182)。庭院空间多用作晒场,适当配以绿化。居民点设施多采用环保乡土材料,以符合村庄整体风格。在满足居民日常需求的同时,打造出纯真自然的乡土田园环境。

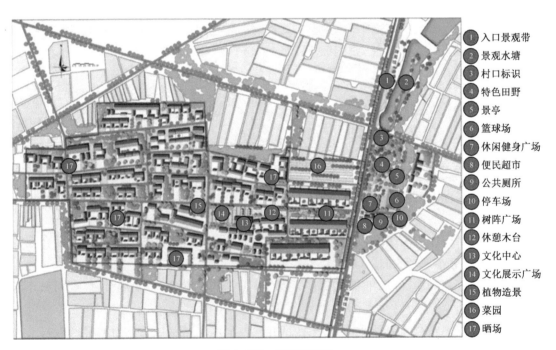

1 入口景观带
2 景观水塘
3 村口标识
4 特色田野
5 景亭
6 篮球场
7 休闲健身广场
8 便民超市
9 公共厕所
10 停车场
11 树阵广场
12 休憩木台
13 文化中心
14 文化展示广场
15 植物造景
16 菜园
17 晒场

图4-178 冯洼平面图

图 4-179　村口景观效果图

图 4-180　休闲健身广场效果图

图 4-181　休憩木台效果图

图 4-182　宅旁绿化效果图

（2）苗圃核心区

苗圃核心区主要包括生产区和休闲区两大部分（图 4-183、图 4-184）。其中生产区规划有玻璃温室、苗木种植区、盆景园、职工宿舍、管理用房等；休闲区规划有采摘大棚、气象站、钓鱼台等。它们相互融合又互不干扰，既满足生产需求又满足游客的参与互动需求，能够将园区的经济效益发挥到最大。

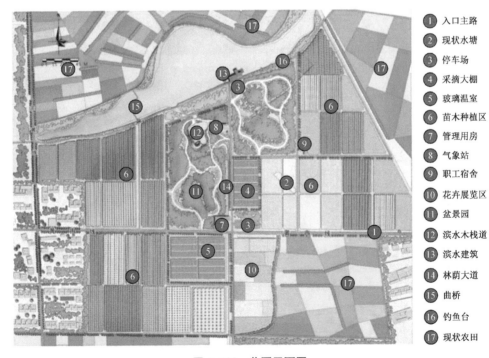

① 入口主路
② 现状水塘
③ 停车场
④ 采摘大棚
⑤ 玻璃温室
⑥ 苗木种植区
⑦ 管理用房
⑧ 气象站
⑨ 职工宿舍
⑩ 花卉展览区
⑪ 盆景园
⑫ 滨水木栈道
⑬ 滨水建筑
⑭ 林荫大道
⑮ 曲桥
⑯ 钓鱼台
⑰ 现状农田

图 4-183　苗圃平面图

　　苗圃核心区充分利用其独特的自然资源,打造自身特色,结合自然水景设置滨水休闲建筑(图4-185、图4-186)。同时利用苗木生产用地设立盆景园,将植物展示与生产种植融为一体,起到品牌推广与游客互动参与的双重作用,同时建设有小型气象站,为游客科普气象知识,在游玩的同时也学到了知识。

图4-184　核心区鸟瞰图

图4-185　湿地效果图

图 4-186　滨水效果图

（3）纪岗旅游区

纪岗旅游区位于黄庄村中部,西邻宗黄线道路,南邻苗圃区,其平面图如图 4-187 所示。设计充分利用原有地形和现状资源,开发旅游、娱乐等设施。在经营模式上,建设村庄驿站、农家乐并且采用租赁菜地的方式,让人们能够接触自然、感受自然。设计艺术农田景观大道,结合疏林草地,增加亲子活动,可满足人们写生、娱乐的需求。旅游区中的农具广场具有教育、认知的作用,让儿童接受自然教育,茁壮成长。现有的水湾风景怡人,不仅可以休闲娱乐,还可以体验乡野垂钓的乐趣(图 4-188～图 4-190)。

① 入口特色农田景观
② 景观艺术大道
③ 停车场
④ 驿站
⑤ 农家乐
⑥ 活动草坪
⑦ 休息平台
⑧ 水车
⑨ 农具广场
⑩ 乡野垂钓
⑪ 租赁草地
⑫ 农田
⑬ 亲水平台
⑭ 茶室
⑮ 特色元素谷场空间

图 4-187　纪岗旅游区平面图

图 4-188　滨水体验效果图

图 4-189　滨水景观效果图

图 4-190　滨水种植效果图

该片区设置了游客服务中心、农家乐和驿站,村内的谷场空间是纪岗原有的特色元素,包括磨坊、谷道等。农具广场不仅具有教育、认知的作用,而且可以作为一种亲子体验。入口的艺术农田凸显乡村大地景观,形成纪岗旅游区特色景观。

该片区设置了租赁农田服务,人们可以 DIY 自己的农田,进行写生、垂钓等活动,使人们在体验时享受自然风光。

（4）兴隆寺

在详尽分析场地环境以及参观者需求的基础上,对场地进行了合理的规划设计。

设计内容主要有以下几点(图 4-191):

① 对当前寺庙进行扩充,增设一间法堂,从而完善寺庙整体格局,强化寺庙轴线关系。

② 完善寺庙前广场功能,扩大广场面积,在广场上依托寺庙轴线增设一照壁,形成寺庙南侧视觉中心,照壁前侧依次设两方放生池、树阵。

③ 将寺庙西侧空地改造成为寺庙游园,丰富游览体验,并沿线展示、介绍寺庙文化。

④ 在寺庙东侧入口处设置一个停车场并建设综合服务中心和相关商业建筑。

4.4.4　专项设计

（1）建筑整治

对于建成时间较长、建筑质量一般、整体风貌陈旧的建筑,进行整体粉刷和局部修缮,墙面统一粉刷为白色,局部用水墨画装饰,同时对建筑破损处加以修缮,以保证风貌的协调(图 4-192、图 4-193)。

冯注建筑风貌整治以明清建筑风格为参照,采用白墙灰瓦坡屋顶。

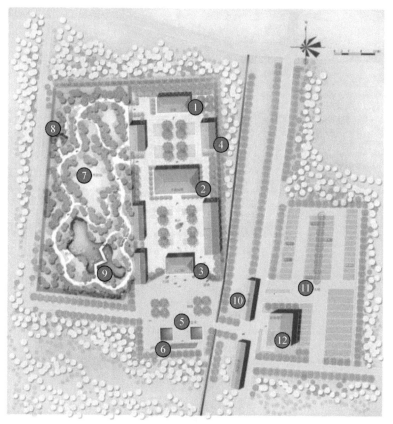

① 法堂	
② 大雄宝殿	
③ 山门殿	
④ 僧舍	
⑤ 放生池	
⑥ 照壁	
⑦ 寺旁游园	
⑧ 景亭	
⑨ 折桥	
⑩ 商业建筑	
⑪ 停车场	
⑫ 综合服务中心	

图4-191 兴隆寺平面图

此类建筑建成时间较长，建筑质量一般，整体风貌一般较为陈旧，现状为水泥墙面，部分有粉刷，但颜色不统一。
建议整治方法为整体粉刷和局部修缮。墙面统一粉刷为白色，局部用水墨画装饰。同时对建筑破损处加以修缮，以保证风貌的协调。

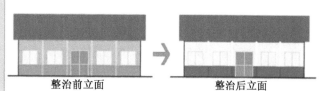

此类建筑较为陈旧，建筑质量较差，整体风貌较好。现状为白灰墙面或者水泥墙面，屋顶为瓦片。
建议整治方法为整体粉刷和局部修缮。墙面统一粉刷为白色，局部用水墨画装饰。同时对建筑破损处加以修缮，以保证风貌的协调。

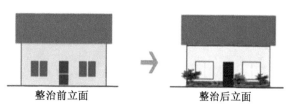

图4-192 建筑立面整治效果图一

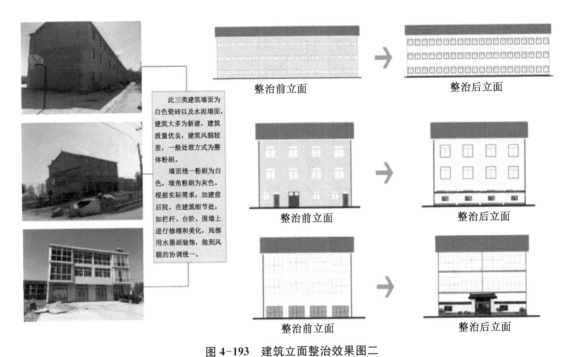

此三类建筑墙面为白色瓷砖以及水泥墙面，建筑大多为新建，建筑质量优良，建筑风貌较差，一般处理方式为整体粉刷。

墙面统一粉刷为白色，墙角粉刷为灰色。根据实际需求，加建前后院。在建筑细节处，如栏杆、台阶、围墙上进行修缮和美化，局部用水墨画装饰，做到风貌的协调统一。

整治前立面 → 整治后立面

整治前立面 → 整治后立面

整治前立面 → 整治后立面

图 4-193　建筑立面整治效果图二

① 该建筑为冯洼一处在建房屋，规划建设前后院，采用统一院墙，形成统一的建筑风貌（图 4-194）。

② 该建筑为冯洼一处新建房屋，建筑质量较好，但风格偏欧式，与村庄整体风格不协调。规划将墙面局部涂灰，加建前院，采用统一院墙，形成统一的建筑风貌（图 4-195）。

③ 该建筑为黄庄村卫生室，建筑质量一般。规划将墙面刷白，新建明清风格院墙，并对宅旁绿化进行整治（图 4-196）。

图 4-194　冯洼建筑整治效果图

图 4-195 冯洼建筑风貌整治效果图

图 4-196 卫生室建筑风貌整治效果图

（2）标识系统

结合村口环境设计了特色标识（图 4-197、图 4-198、图 4-199）。

（3）绿化景观规划

① 规划原则

·充分考虑植物的生物学特性，保留乡土树种，适地适树。

· 根据黄庄村的基地环境,如阴面、阳面、水渠、河塘等选择适宜植物。

· 结合规划区块的主要景点进行建设,对主要游览道路两侧、重要景点周围以及特殊地段进行重点规划,形成季相变化丰富、景观形象独特、乡村气息浓郁的植物景观。

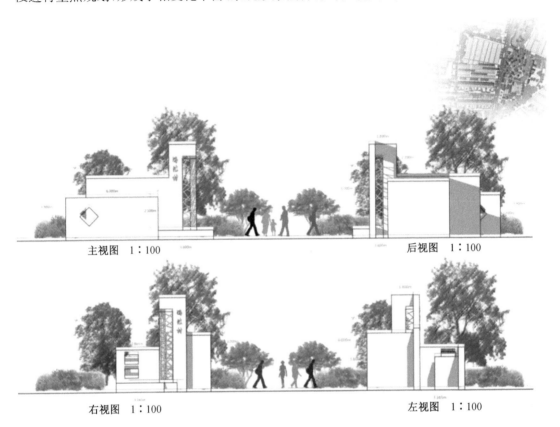

主视图　1∶100　　　　　　　　　　　后视图　1∶100

右视图　1∶100　　　　　　　　　　　左视图　1∶100

图 4-197　冯洼村口标识

图 4-198　入口标识效果图一

图 4-199　入口标识效果图二

② 村庄总体绿化规划

· 村庄基调树种:常绿与落叶相结合,主要种植杨树、枣树、榆树、香樟等。

· 根据基地环境,保留乡土树种,结合苗木,创造季相变化丰富的植物景观。

③ 主要分区绿化规划

· 冯洼基调树种:枣树、榆树、朴树、石楠等。

冯洼是黄庄村主要规划村落,在植物景观营造方面需凸显入口特色植物景观,结合原有保留树木,展现美丽、简约而富有特色的村庄景观形象。

· 苗圃基调树种:石楠、女贞、海棠、紫叶李、龙爪槐、枇杷等。

与大面积的苗木生产景观相结合,设置盆景园,既可观赏,又可采摘,打造四季有花果、步步有景致的苗圃景观区。

· 纪岗旅游区:杨树、乌桕、芦苇等。

植物景观营造注重多样变化,乔、灌、草搭配,打造自然、生态的景观。水边运用芦苇、睡莲、茭白、再力花、水生鸢尾等营造滨水景观,结合农田景观,打造色、香、形综合景观感受良好的大地景观。

· 兴隆寺:杨树、松、柏等。

兴隆寺是当地传统文化的重要组成部分,植物多为松柏类,以常绿、树形苍劲肃穆的植物展现森严、幽远、不可侵犯之寓意。

（4）建设时序

本次规划主要分为近期规划(图 4-200)和远期规划两部分。

图 4-200　近期整治项目规划图

近期规划主要内容如下表 4-13 所示：

表 4-13　近期规划

近期规划建设主要任务		
村庄整治	1. 整体完成村庄的拆迁与合并	
	2. 冯洼村村庄内部整治	
	3. 冉朱村村庄内部整治	
道路整治	1. 牌黄线道路整治	
	2. 黄冉线道路整治	
产业基地提升优化	1. 苗木基地产业的规划	
	2. 苗木基地场地基础设施进一步完善	
	3. 厂区扩大再发展	
其他规划提升整治	村内支路的整治、兴隆寺等人文历史资源的深度挖掘、自然景色的进一步开发打造	

远期规划主要包括村庄基础设施的完善与更新,自然资源与旅游景点的打造,纪岗村农家驿站的建设等,进一步提升黄庄村知名度,创造更大的经济效益。

5. 宿迁华腾猪舍里

该案例为宿迁华腾猪舍里规划设计,是以发展旅游业为主的休闲农场类项目。宿迁华腾猪舍里是以生猪养殖为主导产业,同时结合休闲游憩和农旅创意的智慧化生态牧场。通过无抗养殖技术、智慧化养殖技术(物联网+养殖模式)、排泄物高附加值利用技术,促进一、二、三产业联合发展。以儿童的乡野课堂、城市的后花园为目标,基于华腾公司智慧养殖技术进行景观设计,旨在打造宿迁高科技生态养殖与农旅融合的标杆典范。

项目结合创意农旅,以"猪"的形象营造主题景观,增强景区辨识度;通过建立品牌形象,设计品牌 logo,发展优势特色农旅产品;以田园牧歌为主题,结合各种趣味体验性活动,使游客感受田园生产模式与生活方式。在景观营造上采用现代化的建筑形式和造景手法,结合"原乡"的植物材料与本土建材还原乡村感受。

5.1　项目概况

5.1.1　项目背景

为确保猪肉品质,让消费者吃到优质健康的猪肉,华腾农业科技有限公司建立了欧洲标准生态牧场,养殖环节喂养无抗饲料,智慧化养殖技术方面采用"互联网+畜牧"方式,研发了生猪养殖综合管理平台,应用环境实时感知与自动监测分析控制系统,实现对猪舍环境监测与最优化调控。通过每一幢猪舍内部署的环境感知设备,平台可以实时获取二氧化碳、氨氮、温度、湿度等各类室内环境监测信息,并将各环境感知仪进行无线连接构成物联网网络。而这些由各种环境传感器所采集到的主要环境因子数据,在结合季节、猪品种、不同生长期及生理特点之后,可用于编制有效的猪舍环境信息采集及调控程序,并通过应用湿帘降温、地暖加热、通风换气、高压微雾等设施与调控技术,达到自动完成环境控制、优化生长条件的目的。运用 5G 机器人定轨巡航等先进技术,提升空间感知能力,推进数字智能自动化。

排泄物高附加值利用技术遵循"安全、健康、环保"的理念,做到全循环、全利用、零排放。在环保设备方面采用污水处理设备和猪粪炭化设备,同时在欧标化养殖模式下,采用"高压微雾系统+植物提取剂"进行喷洒消毒除臭,做到晴天 50 m 以外无臭味,解决了养殖场猪粪及猪尿的污染问题。在有机肥料方面,猪粪生物炭有机肥因不含抗生素、化学药物等有害物质,通过国家有机产品认证中心的有机产品认证。猪粪炭基缓释肥是指猪粪经过分离后先按照合理的配比进行碳化处理,加工成生物炭,再加入木屑、小麦秸秆、水稻秸秆等原料经过特殊菌种的发酵处理,制成绿色蔬菜、高端阳台蔬菜和花卉的炭基缓释肥。生态液体肥是指将猪尿液浓缩,尿液经曝气膜浓缩后制成的高效液体肥,尾水用于水栽花卉的培育,净化后用于养鱼及冲洗猪栏,实现污水全循环利用。高效液体肥生产、"氧化池塘-园艺"、有机蔬菜生产基地等工程,将进一步提升粪水污水资源化利用率,真正实现低能耗、零排放、无污染、高利用,开辟变废为宝、种养结合的生态循环农业新模式。

5.1.2 区位分析

宿迁位于江苏省北部,属于长三角经济圈(带)、淮海经济区、东陇海产业带、沿海经济带、沿江经济带的交叉辐射区。宿迁境内有项王故里、骆马湖、洪泽湖湿地等著名旅游景点,是中国优秀旅游城市、国家园林城市、国家卫生城市。

项目位于宿迁东北方位约 10 km 处湖滨新区井头乡,晓井线与余娟路交叉口,三台山国家森林公园东侧(图 4-201)。主要服务于宿迁市民,本土化设计是农场规划设计的重点。项目距离三台山森林公园较近,以全域旅游为指导思想,差异化与联动性并存。

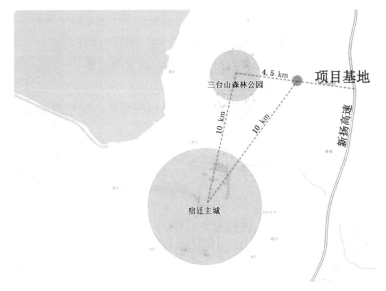

图 4-201 区位分析图

5.2 场地分析

项目规划总用地面积约为 315 亩,其中农田景观总面积约为 273 亩(图 4-202)。项目场

图 4-202 基地现状

地较为平坦,以农田为主,穿插杨树、水系等乡间景观(图4-203)。农田景观规划主要包括农田基础设施(机耕路)、给排水(灌渠、排渠、水肥一体化设施)、农用电力设施、农业机械、土壤地力培育、设施农业(大棚)、农业配套用房、农业附属用房、农业智能信息化、生态防控绿化、农艺景观、田园小品等。

图4-203 植被及沟渠现状

5.3 规划构思

5.3.1 设计愿景

打造宿迁高科技生态养殖与农旅融合的标杆典范。

5.3.2 总体定位

生态牧园、农业体验园、儿童游乐园、城市后花园。

5.3.3 发展策略

项目规划基于高科技生态养殖,结合创意农旅,以田园牧歌为主题,根据田园的景观基调、生活方式、生产模式及情感寄托塑造农场形象。将地域特征、品牌logo、产品元素融入场地,以"猪"的形象营造主题景观,打造趣味性主题农旅产品,增加景区辨识度及地域特色。

5.4 规划方案

5.4.1 总体布局

(1)设计构思

以"猪"的形象营造主题IP,打造趣味性主题农旅产品,将品牌名称及品牌logo植入平面设计,强化品牌形象。同时考虑地域特色,增加景区的地域辨识度(图4-204)。

(2)总平面图

项目总平面图如图4-205所示,设计范围为210 048.9 m²(315.07亩),包括六大分区。

(3)鸟瞰图

项目整体鸟瞰图如图4-206所示。

(4)功能分区

将场地分为"小猪快跑"——生态迎客区(面积约55亩)、"猪神客厅"——综合服务区(面积约27亩)、"飞猪游乐"——儿童游乐区(面积约66亩)、"萌猪农场"——生态农场区

（面积约 52 亩）、"猪猪助长"——大棚生产区（面积约 48 亩）、香猪之家——猪舍养殖区（面积约 67 亩）六个大区（图 4-207）。

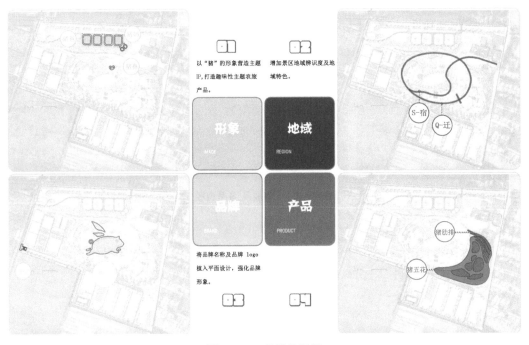

图 4-204 设计构思图

图 4-205 总平面图

图 4-206　鸟瞰图

图 4-207　功能分区图

（5）道路系统

场地内主游览道路成环,接北侧余娟路的人行出入口,副游览道路贯通场地各处,通达便利;同时场地南北两侧均设有车行道及停车场,还规划有一条"S"形的电动车车道,便于观光游赏(图4-208)。

5.4.2 分区设计

（1）"小猪快跑"——生态迎客区(图4-209、图4-210)

华腾猪舍里作为农旅亲子休闲庄园,面向客群主要为宿迁本市自驾游家庭,且晓井线

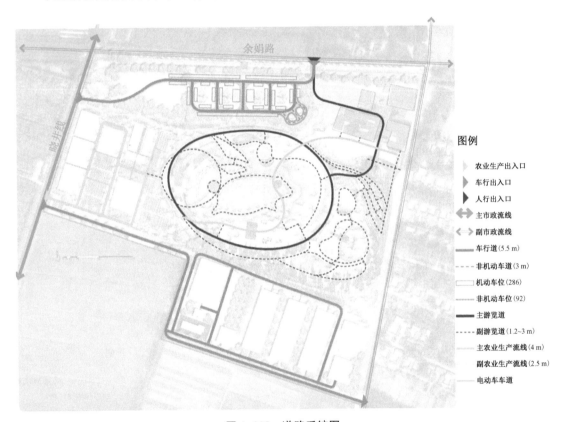

图例

➤ 农业生产出入口
▶ 车行出入口
▶ 人行出入口
↔ 主市政流线
⟷ 副市政流线
—— 车行道(5.5 m)
--- 非机动车道(3 m)
☐ 机动车位(286)
⋯ 非机动车位(92)
—— 主游览道
--- 副游览道(1.2~3 m)
—— 主农业生产流线(4 m)
—— 副农业生产流线(2.5 m)
—— 电动车车道

图4-208 道路系统图

小猪快跑

地图索引

① 地形造景　⑤ 碎石车位
② 精神堡垒　⑥ 猪小品
③ 乡野栅栏　⑦ 地表彩绘
④ 生态廊架

图4-209 "小猪快跑"(生态迎客区)平面图

（275乡道）的道路等级与通达性决定了它会成为项目的必经之路，因此晓井线上的视觉入口营造显得尤为重要。设计利用现状水系分割绿岛，以衬托岛上入口标识，引领车辆进入生态停车区。停车区用三只猪头的造型营造萌猪主题亲子氛围，给游客留下良好的第一印象。该分区设计效果图如图4-211～图4-214所示。

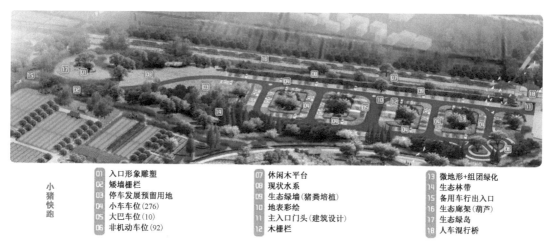

小猪快跑

01	入口形象雕塑	07	休闲木平台	13	微地形+组团绿化
02	矮墙栅栏	08	现状水系	14	生态林带
03	停车发展预留用地	09	生态绿墙（猪粪培植）	15	备用车行出入口
04	小车车位（276）	10	地表彩绘	16	生态廊架（葫芦）
05	大巴车位（10）	11	主入口门头（建筑设计）	17	生态绿岛
06	非机动车位（92）	12	木栅栏	18	人车混行桥

图4-210　"小猪快跑"（生态迎客区）鸟瞰图及设计内容

图4-211　入口标志效果图

图 4-212　生态廊架效果图（葫芦藤架）

图 4-213　葫芦藤架内景效果图

图 4-214 生态停车场效果图

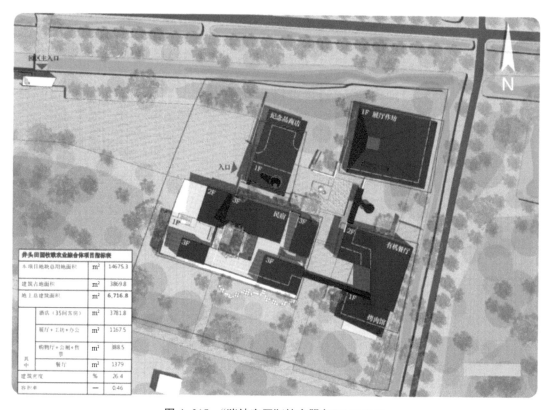

图 4-215 "猪神客厅"(综合服务区)平面图

01	集散广场
02	纪念品商店
03	入口
04	民宿
05	现状大树
06	有机餐厅
07	烤肉馆
08	展厅作坊
09	入口门头

猪神客厅

图 4-216 "猪神客厅"鸟瞰图

图 4-217 "猪神客厅"建筑群及集散广场

(2)"猪神客厅"——综合服务区(图 4-215、图 4-216)

猪神客厅名字取自"诸神"谐音,也有食神的意思。此区域主要为超市、餐厅、民宿、展厅作坊、售票处等厂区服务性建筑,皆为1~3层低矮建筑(图 4-217)。

① 景观节点效果图

包括"猪神客厅"入口景观(图 4-218)、入口标识设计(图 4-219)、中轴景观(图 4-220)以及建筑内部公共空间设计效果图(图 4-221、图 4-222)。

图 4-218 "猪神客厅"入口景观效果图

主要材料：木纹/席纹混凝土，钢字 logo

图 4-219 "猪神客厅"入口标识设计效果图

图 4-220　"猪神客厅"中轴景观效果图

图 4-221　建筑内部公共空间设计效果图一

图 4-222　建筑内部公共空间设计效果图二

② 主入口纪念品商店效果图（图 4-223）

图 4-223　主入口纪念品商店效果图

③ 展厅作坊效果图（图 4-224、图 4-225）

图 4-224　展厅作坊南侧主立面效果图

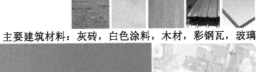

主要建筑材料：灰砖，白色涂料，木材，彩钢瓦，玻璃

图 4-225　展厅作坊东侧立面效果图

④ 有机餐厅效果图(图 4-226、图 4-227)

图 4-226 有机餐厅南侧立面效果图

图 4-227 有机餐厅南侧室外平台空间及二层南侧室外平台空间效果图

⑤ 民宿效果图

包括民宿主入口(图 4-228、图 4-229)、大堂中庭(图 4-230)、树苑景观及其二层平台景观效果图(图 4-231、图 4-232)。

图 4-228 民宿主入口效果图一

图 4-229 民宿主入口效果图二

图 4-230　民宿大堂中庭效果图

图 4-231　民宿树苑景观效果图

主要建筑材料：红砖，白色涂料，沥青瓦

图 4-232　民宿树苑二层平台景观效果图

（3）"飞猪游乐"——儿童游乐区

该区形成了"两环五片区"的格局，两环为"亲子骑行环＋小火车游览环"，五片区为自然探索区、活力器械区、研学游乐区、滨水牧场区、飞猪乐岛区（图 4-233、图 4-234）。

① 自然探索区

飞猪游乐的自然探索板块是景区入口的门户板块，开敞的草坪与下沉的场地为飞猪岛的大地艺术提供了良好的观景视野，孩子们在草坪上奔跑、草丘里玩耍、森林里探索、池塘里嬉戏，享受城市中不曾有的欢乐，同时该区也间接地培养了孩子的自然探索能力（图 4-235、图 4-236）。

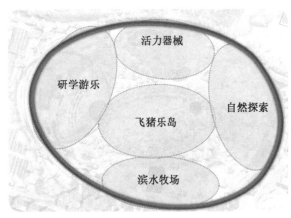

两环五片区

两环——亲子骑行环+水火车游览环

五片区

自然探索：彩色稻田、活动草坪、草丘、游乐池塘、童话森林、儿童垂钓、溪滩

活力器械：沙坑、无动力游乐器械、橡胶场地、花园、木平台、公厕

研学游乐：生态棚架、架空栈道、研学课堂、微地形

滨水牧场：牧马场、牧牛场、牧牛水系、马舍建筑、牛舍建筑、木栅栏、运输车道

飞猪乐岛：向日葵（油菜）花田、田野图书馆、户外画架、摄影基地

图 4-233　"飞猪游乐"（儿童游乐区）"两环五片区"平面格局图

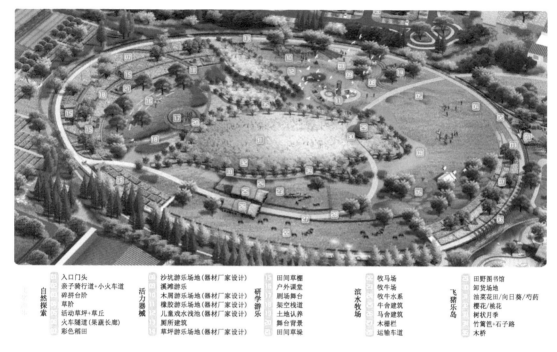

自然探索
① 入口门头
② 亲子骑行道+小火车道
③ 碎拼台阶
④ 草阶
⑤ 活动草坪+草丘
⑥ 火车隧道(果蔬长廊)
⑦ 彩色稻田

活力器械
⑧ 沙坑游乐场地(器材厂家设计)
⑨ 溪滩游乐
⑩ 木屑游乐场地(器材厂家设计)
⑪ 橡胶游乐场地(器材厂家设计)
⑫ 儿童戏水浅池(器材厂家设计)
⑬ 厕所建筑
⑭ 草坪游乐场地(器材厂家设计)

研学游乐
⑮ 田间草棚
⑯ 户外课堂
⑰ 剧场舞台
⑱ 架空栈道
⑲ 土地认养
⑳ 舞台背景
㉑ 田间草垛

滨水牧场
㉒ 牧马场
㉓ 牧牛场
㉔ 牧牛水系
㉕ 牛舍建筑
㉖ 马舍建筑
㉗ 木栅栏
㉘ 运输车道

飞猪乐岛
㉙ 田野图书馆
㉚ 卸货场地
㉛ 油菜花田/向日葵/芍药
㉜ 樱花/桃花
㉝ 树状月季
㉞ 竹篱笆+石子路
㉟ 木桥

图 4-234　"飞猪游乐"鸟瞰图

图 4-235　"飞猪游乐"——自然探索区活动草坪效果图

② 活力器械区

飞猪游乐的活力器械板块是儿童游乐的核心区域,原木的无动力游乐器械融入花园之中,设计将器械区进行分块,每个场地都有着不同的材质和功能。孩子可以去溪滩搭帐篷,可以去沙坑玩沙子,可以在原木器械上攀爬,雨天时在橡胶场地也一样可以尽情玩耍,因此该区着重培养孩子的运动与创造能力(图 4-237)。

图 4-236 "飞猪游乐"——火车隧道（果蔬长廊）效果图

图 4-237 "飞猪游乐"——活力器械区效果图

③ 研学游乐区

研学游乐板块意在培养孩子对农业的认知能力。架空的栈道穿梭于田野里,听家长讲述着传统的农业知识,茅草亭里的黑板上记录了农作物从播种到收获的过程,"锄禾日当午"的诗句响亮地回响在旷野上,在自然景观中教导农业知识,借此达到寓教于乐的目的(图 4-238)。

④ 滨水牧场区

滨水牧场临近河岸,广袤的草原为牧场提供了良好的畜牧环境,田园牧歌在蓝天白云、青草河岸间吟唱。

⑤ 飞猪乐岛区

飞猪乐岛板块以华腾品牌 logo"飞猪"为造型填岛于乐园中心。岛上种满了向日葵(油菜花、芍药),是摄影与绘画爱好者的天堂,孩子可以在旷野里奔跑、捉蝴蝶、捉迷藏,累了可

图4-238 "飞猪游乐"——研学游乐效果图

以去图书馆看童话故事,宛如置身世外桃源。

(4)"萌猪农场"——生态农场区

此区域以"乡愁"为设计概念,印象里,农家屋前都有块菜园、一棵老树、半亩方塘、几尾游鱼、成群鸡鸭,这些意象构成了对乡村的记忆,设计用现代的手法还原乡村感受,结合现代化经营模式打造农趣十足的主题庄园(图4-239)。

图4-239 "萌猪农场"(生态农场区)鸟瞰图及设计内容平面图

①"萌猪农场"——乡愁庄园节点效果图

包括果树廊架(图 4-240)、田园牧歌农家花园(图 4-241)、木桩景墙效果图(图 4-242)。

图 4-240　果蔬廊架效果图

图 4-241　田园牧歌农家花园效果图

图 4-242 木桩景墙效果图

② "萌猪农场" ——萌宠乐园节点效果图

此处的主要节点为小猪赛跑田径场（图 4-243）。

图 4-243 小猪赛跑田径场效果图

（5）"猪猪助长" ——大棚生产区（图 4-244）

此区域以农业生产为主，故将猪舍排泄物做成有机肥料为耕地提供养分。大棚分为花卉大棚、亲子采摘、玻璃大棚、生产大棚几大板块，为游客提供多种农业体验。大棚生产区与猪舍养殖区共用入口,入口处设置小型厂区形象广场,设置管理岗亭,管控车辆与游客(图4-245、图4-246)。

01	艺术风车
02	门头
03	彩色铺装
04	农田
05	玻璃大棚
06	果蔬廊架
07	亲子采摘
08	生产大棚
09	泵房建筑
10	农具设施棚
11	果树
12	灌溉水系
13	花卉大棚
14	湿地木栈道
15	背景林带
16	湿地景观

图4-244 "猪猪助长"(大棚生产区)鸟瞰图及设计内容

图4-245 花卉生产大棚效果图

图 4-246 农田火车效果图

（6）"香猪之家"——猪舍养殖区（图 4-247）

此区域为猪舍养殖区，禁止游客参观（图 4-248～图 4-251）。与大棚生产区共用入口，入口处设置小型厂区形象广场，设置管理岗亭，管控车辆与游客。

01 厂区大门
02 围墙
03 母猪舍
04 公猪舍
05 仓库
06 肥猪舍
07 亲子采摘
08 厂区绿化
09 匀浆池
10 固液分离区
11 暂存池
12 厌氧发酵罐
13 污水处理区域
14 沉渣池
15 预留扩容地
16 后备室

图 4-247 "香猪之家"（猪舍养殖区）鸟瞰图及设计内容

图 4-248　生产区入口景观效果图一

图 4-249　生产区入口景观效果图二

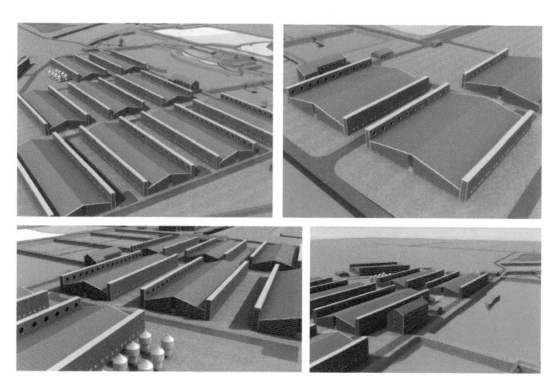

图 4-250 猪舍生产区效果图

图 4-251 猪舍建筑立面图

5.5　专项规划

5.5.1　竖向规划

原场地地形较为平坦,可通过土方工程适当地进行微地形的营造,将"飞猪游乐"打造成微型盆地,其他区域局部进行堆叠,在维持土方平衡的同时丰富视觉景观效果(图4-252)。

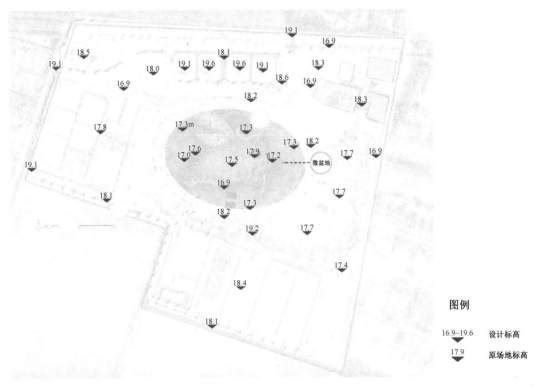

图例

16.9～19.6　设计标高

17.9　原场地标高

图4-252　竖向设计

5.5.2　植物规划

绿化设计以"田园野趣、花木成辉"为主题,以打造生态舒适、色彩丰富的植物景观为原则,进行分区设计。"小猪快跑"区种植桂花、乌桕、无患子、朴树、黄栌等,以落叶彩色树种为特色;"猪神客厅"区种植国槐、乌桕、银杏等,局部通过种植老树的方式留住乡愁;"萌猪农场"区种植朴树、银杏、刚竹、水杉、乌桕、石榴等,试图打造乡野的童话森林;"飞猪游乐"区主要种植朴树、银杏、水杉、柿树、樱花、五角枫、碧桃、石榴、油菜花、向日葵等,以彩色稻田、大地艺术为特色;"猪猪助长"区以杨树(公)、果树、水杉、乌桕为主,以果林带动经济发展;"香猪之家"区种植爬山虎、刚竹、国槐、桂花、女贞等(图4-253)。

5.5.3　粪污处理规划

生产基地的粪尿污水采用全自动分离系统,分离后的猪粪按照合理的配比先进行炭化处理,加工成生物炭,再加入木屑、小麦秸秆、水稻秸秆等原料经过特殊菌种的发酵处理,经生物质有机肥设备加工后制成绿色蔬菜、高端阳台蔬菜和花卉的炭基缓释肥。尿液经电解

图 4-253　植物规划图

浓缩后制成高端液体肥,尾水用于水栽花卉的培育,净化后用于养鱼及冲洗猪栏,实现资源循环和重复利用(图 4-254、图 4-255、图 4-256)。目前设备每天可以处理猪粪 120 t,处理成本低至每吨 5 元。

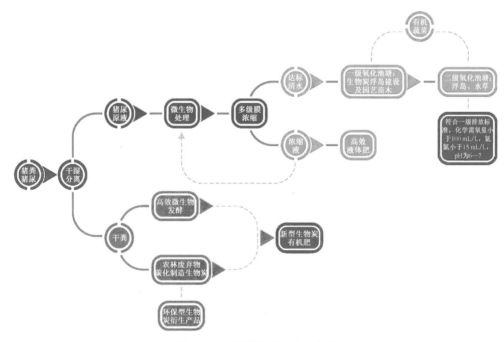

图 4-254　粪污处理工艺示意图

图 4-255　粪污处理设备意向图

碳棉　　　　　　　　　　　　　　　生态液体肥

图 4-256　相关产品意向图

5.5.4　铺装设计

场地内铺装丰富多样,材质以彩色透水混凝土、碎石、青砖等为主,局部采用木铺装、橡胶等,形成生动活泼的视觉效果(图 4-257)。

图 4-257　铺装设计平面图

5.5.5　景观小品设计

（1）"小猪快跑"区域

入口精神堡垒设计如图4-258所示。

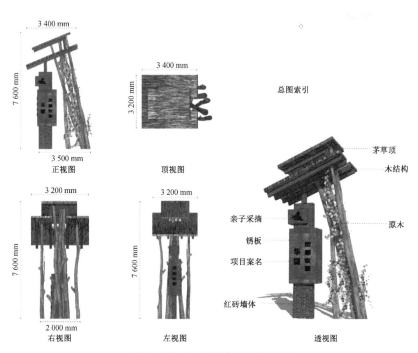

图4-258　入口精神堡垒设计图

（2）"飞猪游乐"区域

主要包括牧歌剧场（图4-259）、田间茅草屋（图4-260）、火车隧道廊架（图4-261）等景观小品。

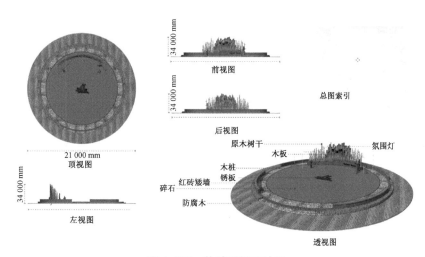

图4-259　牧歌剧场设计图

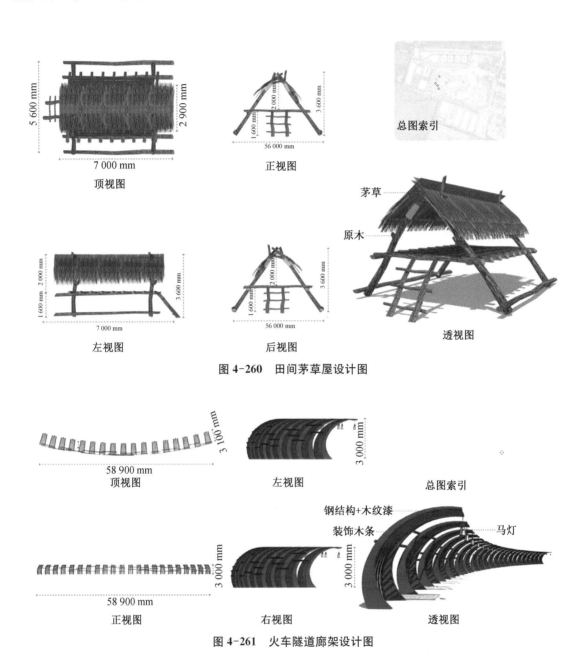

图 4-260　田间茅草屋设计图

图 4-261　火车隧道廊架设计图

（3）"萌猪农场"区域

包括"飞猪乐岛"门头（图 4-262）、竹编廊架（图 4-263）、紫藤廊架（图 4-264）、"田园牧场"景墙（图 4-265）、木桩景墙（图 4-266）、"萌猪农场"观景塔（图 4-267）、"萌猪农场"攀爬架（图 4-268）等景观小品。

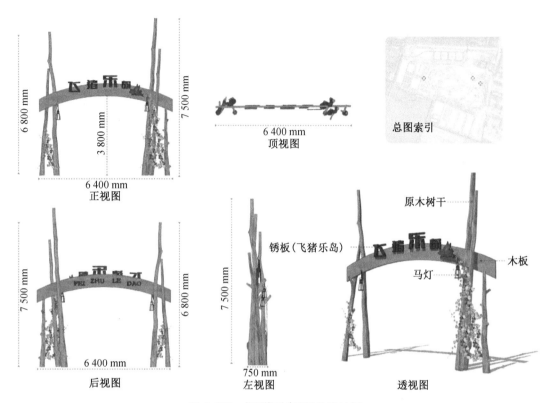

图 4-262　"飞猪乐岛"门头设计图

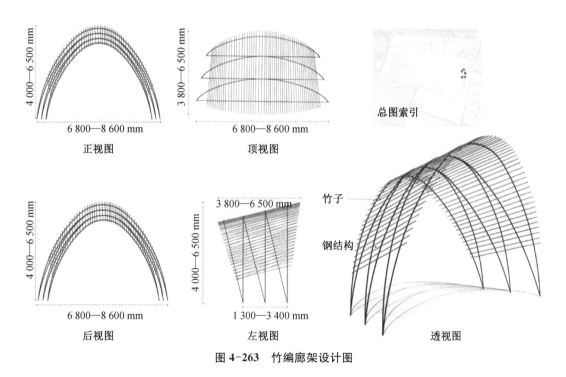

图 4-263　竹编廊架设计图

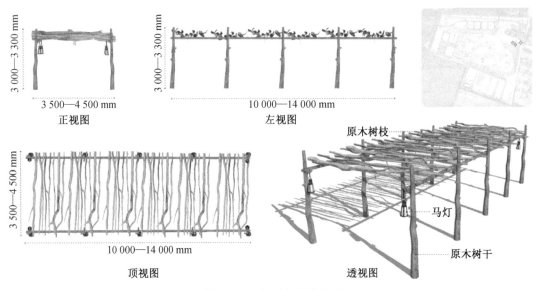

图 4-264 紫藤廊架设计图

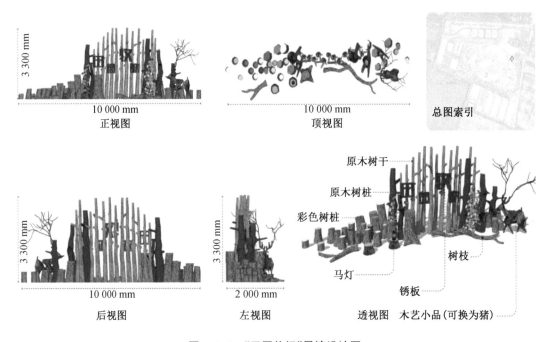

图 4-265 "田园牧场"景墙设计图

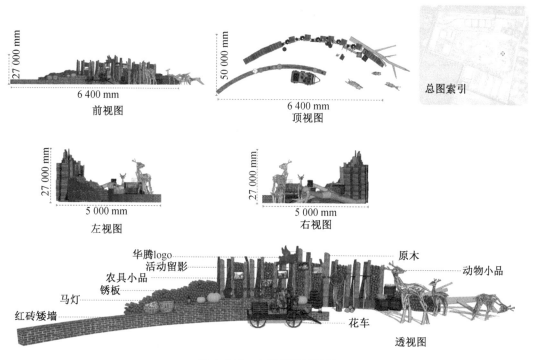

图 4-266 木桩景墙设计图

图 4-267 "萌猪农场"观景塔设计图

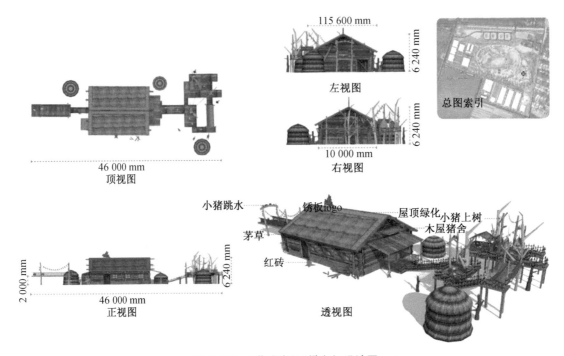

图 4-268 "萌猪农场"攀爬架设计图

（4）"猪猪助长"区域

包括艺术风车（图 4-269）、玻璃花房（图 4-270）、果蔬廊架（图 4-271）等景观小品。

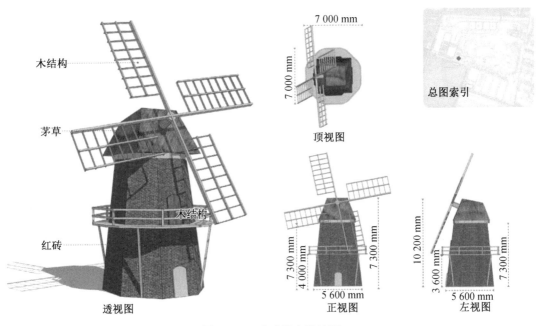

图 4-269 艺术风车设计图

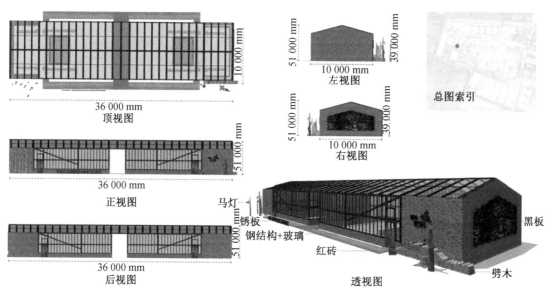

图 4-270 玻璃花房设计图

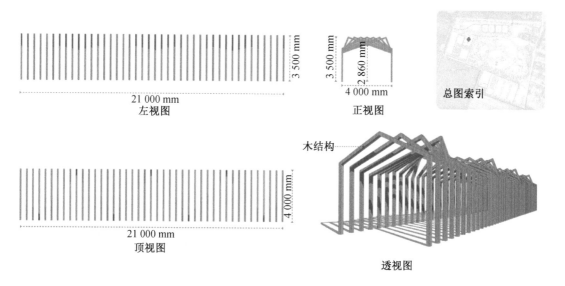

图 4-271 果蔬廊架设计图

（5）"香猪之家"区域

其中生产区入口大门景观小品设计如图 4-272 所示。

5.5.6 服务设施规划

场地区内服务设施主要分布在观光游览区，以坐凳、休闲桌椅等休憩设施为主，形式多样，在满足使用功能的基础上，为整体景观增加趣味性和美感。同时设置农具设施棚、烧烤灶台、洗手台等，便于游客体验特色活动（图 4-273）。

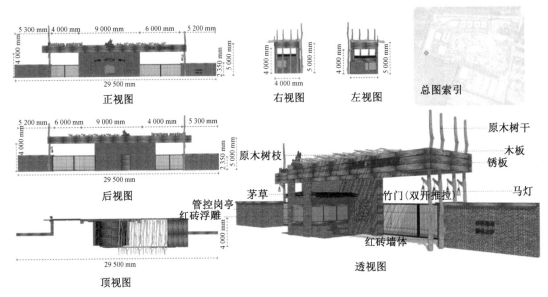

图 4-272　生产区入口大门设计图

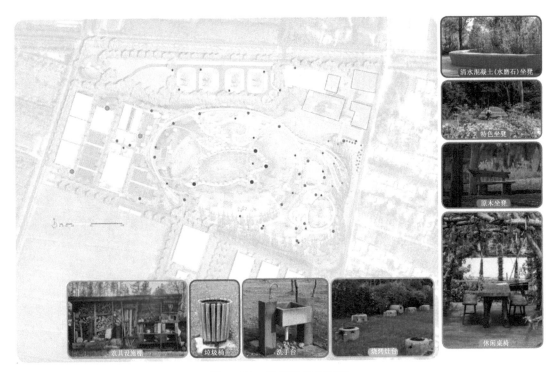

图 4-273　服务设施规划图

5.5.7　夜景亮化规则

夜景亮化照明可采用氛围灯、竹灯、马灯、特色灯等,用各种光色调和频闪变化呈现丰富多彩的景象,局部可使用装饰性的草坪灯烘托气氛(图 4-274)。

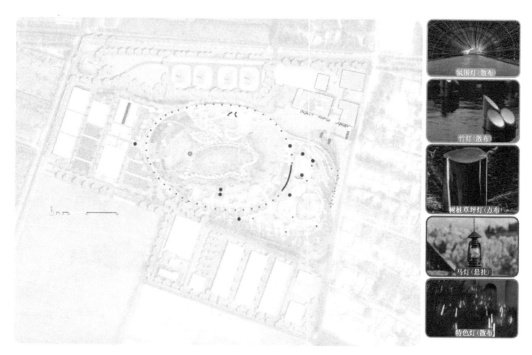

图 4-274 夜景亮化规划图

5.5.8 导示系统规划

（1）导视系统——地图信息牌

地图信息牌以木板、木桩、锈板为材料，结合品牌 logo，并用马灯装饰（图 4-275）。

图 4-275 地图信息牌

（2）导视系统——区域指示牌

以枯木结合锈板的形式设计不同分区的指示牌，各区域指示牌造型相异但风格统一（图 4-276）。

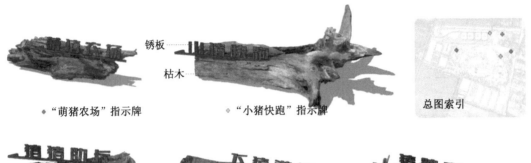

"萌猪农场"指示牌　　　　　"小猪快跑"指示牌　　　　　总图索引

"猪猪助长"指示牌　　　　"飞猪游乐"指示牌　　　　"猪神客厅"指示牌

图 4-276　区域指示牌

（3）标识系统——提示牌

提示牌主要包括请勿践踏、水深危险以及泊车提示牌（图 4-277）。

"请勿践踏"提示牌　　　　"水深危险"提示牌　　　　泊车提示牌

图 4-277　提示牌

5.6　技术指标和投资估算

表 4-14　技术指标

项目	单位	数量	备注
规划总用地面积	m²	210 048.9	
规划可建设用地面积	m²	210 048.9	
地上建筑面积	m²	31 079.8	

项目			单位	数量	备注
		"小猪快跑"区	m²	200.0	
	其中	生态廊架	m²	200.0	
		"香猪之家"区	m²	14 560.0	
	其中	母猪舍	m²	3 101.0	一栋
		肥猪舍	m²	8 799.0	三栋
		检验检疫房	m²	1 400.0	
		消毒间	m²	74.0	
		物料和机修仓库	m²	550.0	
		辅房	m²	36.0	
		车辆洗消中心	m²	90.0	
		变电、发电、水泵房	m²	100.0	
		仓库	m²	60.0	
		环保中心	m²	350.0	
		"猪猪助长"区	m²	8 420.0	
其中	其中	大棚生产区	m²	5 120.0	
		亲子采摘	m²	960.0	
		玻璃大棚	m²	358.0	
		花卉大棚	m²	1 916.0	
		泵站	m²	12.0	
		农具设施棚	m²	54.0	
		"猪神客厅"区	m²	6 716.8	
	其中	保安室&仓库	m²	388.5	
		员工宿舍	m²	3 781.8	
		员工餐厅	m²	1 379.0	
		办公室	m²	1 167.5	
		"飞猪游乐"区	m²	803.0	
	其中	图书馆	m²	400.0	
		马舍	m²	150.0	
		牛舍	m²	150.0	
		田间草棚	m²	63.0	
		公共厕所	m²	40.0	
		"萌猪农场"区	m²	380.0	
	其他	萌宠乐园配套用房	m²	200.0	包括鸡舍、鸭舍、鹅舍等
		猪舍	m²	150.0	
		林间瞭望塔	m²	30.0	

项目	单位	数量	备注
基底面积	m²	28 123.0	
建筑密度	%	13.4%	
容积率	—	0.15	
机动车停车位	辆	286	小车276,大巴10
非机动车停车位	辆	92	

表4-15 投资估算(2023.7)

类别	工程项目	数量	单位	单位价格/元	总价/万元	备注(百分比系数及相关说明)
绿化部分	景观绿化	1	项	1 000 000	100	
	草坪	14 380	m²	20	29	
	总计				129	
铺装部分	透水混凝土路	3 879	m²	220	85	
	石子路	8 965	m²	30	27	
	架空木栈道	276	m²	2 400	66	
	普通木铺装	2 056	m²	600	123	
	碎拼	523	m²	120	6	
	总计				307	
	紫藤廊架	2	个	50 000	10	规格10 m×4 m
	紫藤廊架	1	个	120 000	12	规格6 m×16 m
	烧烤吧台	2	个	10 000	2	规格27 m×0.5m,185 m×0.5 m 木质
	烤品小串	1	组	35 000	3.5	
	护栏	514	m	250	13	
	烤台	7	个	1 500	1	砖结合碎石
	灶台	7	个	1 500	1	规格1.5 m³
	草垛山	1	组	20 000	2	一组约200个
	草垛小品	1	组	10 000	1	
	标识牌	1	套	50 000	5	
	洗手台	2	个	5 000	1	规格3 m×1 m
	景墙	1	个	2 000	0.2	规格10 m
	舞台背景墙	10	m	3 000	3	宽度0.1 m
	休闲座椅	5	个	1 000	0.5	
	坐凳	71	m	1 500	11	

类别	工程项目	数量	单位	单位价格/元	总价/万元	备注（百分比系数及相关说明）
	沙坑	323	m²	200	6	
	木屑地	467	m²	150	7	
	鹅舍	1	个	20 000	2	
	鸭舍	1	个	20 000	2	
	鸡舍	1	个	20 000	2	
	兔舍	1	个	20 000	2	
	杉木桩	529	m	600	32	
	木栅栏	208	m	200	4	
	木桥	17	m²	600	1	
	停车位（大）	374	m²	300	11	停车位规格 12 m×4 m
	停车位（小）	2 054	m²	300	62	停车位规格 5 m×2 m
	小猪跳水（含猪舍）	150	m²	2 500	37.5	规格 15 m×10 m
	小猪快跑障碍路	1	组	50 000	5	
	马里奥管道	1	组	10 000	1	
总计					240.7	
基建部分	土方（包含水系）	1	项	800 000	80	
	给排水	1	项	1 200 000	120	
	水电	1	项	1 500 000	150	
	监控广播	1	项	900 000	90	
	桥	1	项	500 000	50	
	大棚	1	项	1 300 000	130	
	小火车轨道（含火车本身）	1	项	500 000	50	
	廊道（已建成）	1	项	1 500 000	150	
	泵房	12	m²	2 500	3	
总计					823	
总计					1 499.7	

6. 淮安乐田小镇

　　该案例为淮安乐田小镇规划设计,属于以发展旅游业为主的休闲度假类项目。场地位于江苏淮安国家农业科技园核心区。本项目是淮安市休闲农业围绕都市农业、乡村旅游、健康养生、农事体验、生态文明、科普教育、农耕文化等主题进行差异化布局的示范项目,以促进一、二、三产业融合,打造农业主题乐园,营造田园栖居乐土为目标,着力建设成为"吃住行、游购娱"一体化的休闲农业园区和新农庄。项目建成后对于开发农业的多种功能,提高土地产出率均具有重要意义。

其休闲农业景观营造特色主要表现为:打造"一站式农场俱乐部",集吃、住、行、游、购、娱于一体,功能版块规划合理,以游线串联,可游可居;注重对田园主题的把握,追忆渔樵耕读的农耕文明;在景观设计上构建天圆地方的主体框架,体现天人合一的园林哲学;景观空间动静结合,以丰富多样的景观风貌带动多业态的运营机制,同时提高当地农业文化和物质生活水平。

6.1 项目概况

6.1.1 项目背景

江苏淮安国家农业科技园区于2013年9月经国家科技部批准设立。园区坐落在淮河流域中心城市、周恩来总理故乡——江苏省淮安市,园区分为核心区、示范区、辐射区三个层级。"核心区"位于韩信故里、运河古镇——淮阴区码头镇,面积2.25万亩,主要建设现代农业科技创新和展示平台、农业高科技企业孵化器、现代农业创新创业孵化中心、龙头企业集聚区、海峡两岸农业合作区、休闲观光农业示范区、园区公共服务中心、新城镇建设示范区、农产品物流区等9个功能。"示范区"分布于核心区周边乡镇,面积22万亩,主要建设优质稻麦产业科技示范区、特色蔬菜产业科技示范区、健康畜禽产业科技示范区和特种水产产业科技示范区。"辐射区"覆盖淮安市所属县(区)农业主导产业基地,并辐射河南、安徽等淮河流域其他地区。园区实行省、区、市三级共建,坚持科技引领、镇园一体、三产融合、"四化"同步,努力建成全国一流的现代农业科技示范区、农村综合改革先行区、三次产业融合发展试验区、"四化"同步样板区,成为全国一流的国家农业科技园区和淮阴区新的经济增长极。

淮安市休闲农业围绕都市农业、乡村旅游、健康养生、农事体验、生态文明、科普教育、农耕文化等主题进行差异化布局,着力建设"吃住行、游购娱"一体化的休闲农业园区和新农庄。

该镇位于国家农业科技园核心区码头镇明远路北侧、古黄河路东侧,规划占地面积约480亩,其中牡丹芍药观赏区约6万m²,蔬果采摘区约2万m²,水景游览区约4.3万m²,绿化种植约15.7万m²,农家乐、农产品展销区、乡村剧场、游客服务中心等配套服务设施约0.8万m²,铺设广场道路约3万m²。项目将引入种植牡丹芍药120多个品种,园区还将与扬州大学合作共建牡丹芍药研究中心。

6.1.2 区位分析

淮安乐田小镇位于淮安市区西南郊码头镇,距离市区仅10 km,周围与宁连高速公路相连,具有十分良好的交通条件,区位优势明显。项目地处码头镇国家农业科技园片区内,东西两侧分别毗邻设施蔬菜基地与农业科技中心大楼(图4-278)。

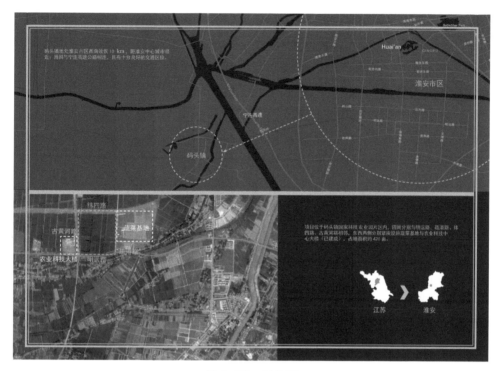

图 4-278　区位图

6.2　场地分析

　　基地占地面积约 480 亩,四周分别与明远路、疏港路、纬四路、古黄河路相邻。基地以农田为主,纵横分布灌溉沟渠。场地地形平坦,竖向高程变化小,农田灌溉沟渠从北部引入,是场地的主要水源(图 4-279)。

图 4-279　现状地形及灌溉沟渠

6.3　规划构思

6.3.1　主题定位

打造淮安首家"一站式农场俱乐部":

（1）梳理自然与村庄记忆，打造一个重温乡野、回归童年的田园；

（2）基于码头镇特色乡村文化的休闲开发，文化与创意并行；

（3）土地—农耕—食物，生态—参与—收获，融入—体验—栖居。

6.3.2　设计重点

（1）打造集有机农业、文化旅游、休闲度假和生态居住于一体的农业主题乐园，以丰富多样的景观风貌带动多业态的运营机制，同时提高当地农业文化和物质生活水平。

（2）自然回归·农业命脉：注重对自然田园的主题把握，将"水"与"田"有机结合，营造成熟有序的田园栖居乐土。以水的开阔、包容、灵动，追忆渔樵耕读的农耕文明，实现人与自然生态的融合。

6.3.3　设计难点

项目地块方正，场地地势平整，几乎无高差，规划难点在于如何规划山水田园格局，回归悠然闲适的乡居模式；原有农田呈规则式的网络布局，如何梳理水系脉络，从而提升景观丰富度。

为此，我们通过前期勘察寻找原有灌溉水源，整体规划水系走向，利用集中水域的开挖土方，对周边用地进行景观地形堆坡，使地形高低错落，同时引导活水与设计地形交错环绕，最终形成绿岛、跨桥、溪流、河滩、草坡、静湖等多种景观形态（图4-280）。

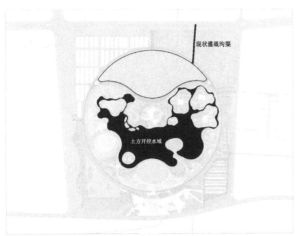

图4-280　水系分析

6.3.4　设计特点

（1）天圆地方大格局

以环形园路映衬四周方正的用地格局，构建天圆地方的主体框架，大气沉稳，体现质朴的天人合一园林哲学。同时流动水系贯穿全园，时而蜿蜒静如小桥流水，时而灵动如溪流叠瀑，又兼顾生产区的引水灌溉，最终汇入中心开阔水面，形成动静结合、灵动丰富的现代农居景观风貌。

（2）南动北静两相宜

园区北片以有机农业生产与农产品加工为依托，是具有经济价值的农业产业项目集群，侧重静态体验项目。南片则以湖面为核心辐射周边节点,分布有以动态活动为主的田园娱乐板块、休闲度假板块、生态居住板块等,整体游园动线通过主环路串联各个功能板块,次级园路连通单体节点,注重游园体验价值的提升回馈,真正实现可游可居。

（3）海绵集聚

整体园区融合海绵城市设计理念,通过溪流、湿地等多样水系形态,引周边雨水及地表径流,实现初步净化,继而补充中心湖面水源,形成自有环境的水系内循环。

6.4 规划方案

6.4.1 总体布局

（1）总平面图

依据上述主题构思进行总体规划,总平面图如图 4-281 所示。

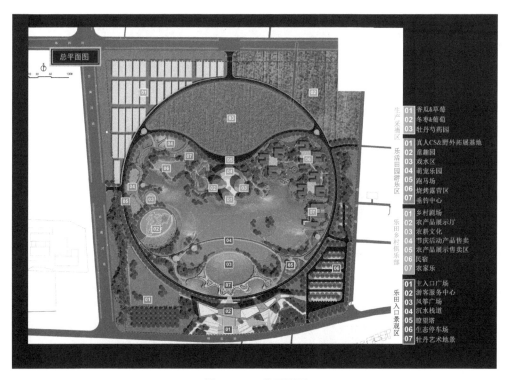

图 4-281 总平面图

（2）总体鸟瞰图

项目总体鸟瞰效果图如图 4-282 所示。

（3）景观结构

总体上形成"一环、一心、四片区、多节点"的景观结构。"一环"指环形主游赏路线,"一心"即中心水域,"四片区"包括入口景观区、田园游乐区、乡村休闲区及生产采摘区。项目总用地面积约为 318 000 m^2,其中水域面积为 61 957 m^2,生产区面积为 109 000 m^2,建筑占地面积为 6 800 m^2(图 4-283)。

图 4-282　总体鸟瞰效果图

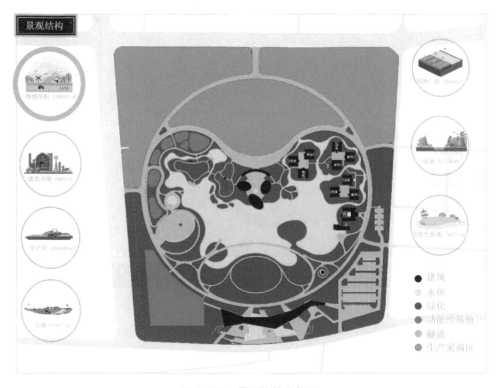

图 4-283　景观结构分析图

（4）功能分区

场地划分为乐田入口景观区、乐活田园游乐区、乐田乡村俱乐部、生产采摘区 4 个片区
（图 4-284）。

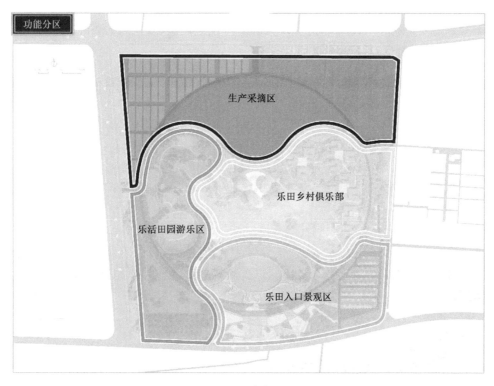

图 4-284　功能分区图

6.4.2　分区设计

（1）乐田入口景观区

乐田入口景观区位于场地东南部，紧邻明远路，是进入场地观光游玩的必经之处（图

图 4-285　乐田入口景观区分区平面图

4-285)。其中主要节点包括主入口广场(图 4-286)、生态岛(图 4-287)、艺术地景(图 4-288)、风筝广场(图 4-289)、沉水栈道(图 4-290)等,同时入口处设置游客服务中心、公共厕所等服务型建筑以及生态停车场。

图 4-286　主入口广场效果图

图 4-287　生态岛及栈道效果图

图 4-288　艺术地景效果图

图 4-289　风筝广场效果图

效果图展示
EFFECT CHART DISPLAY

平面索引

图 4-290　沉水栈道效果图

将乐田入口景观区沿南北方向(1-1)进行剖面分析,如图 4-291 所示。

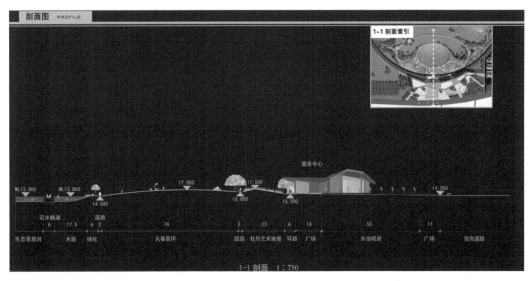

图 4-291　1-1 乐田入口景观区剖面图

(2) 乐活田园游乐区

乐活田园游乐区位于场地西侧,是以儿童游乐、萌宠体验为主的休闲活动区(图 4-292)。其中儿童活动场地主要包括戏沙区、戏水区、草坡等,能够为不同年龄段的儿童提供相应的游戏空间(图 4-293、图 4-294、图 4-295);萌宠乐园则包括牛、羊、猪、马、兔以及各种家禽,可通过喂养等方式增加亲子互动(图 4-296);同时游乐区内设置了服务用房、烧烤露营区,以丰富活动体验(图 4-297、图 4-298)。

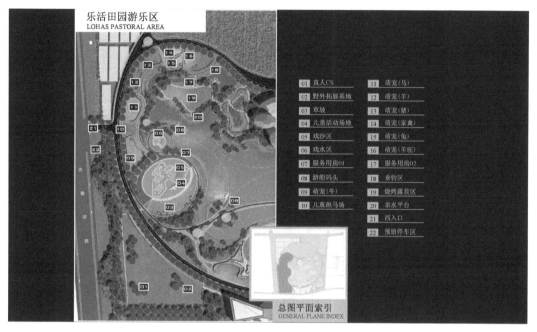

乐活田园游乐区
LOHAS PASTORAL AREA

01	真人CS	11	萌宠(马)
02	野外拓展基地	12	萌宠(羊)
03	草坡	13	萌宠(猪)
04	儿童活动场地	14	萌宠(家禽)
05	戏沙区	15	萌宠(兔)
06	戏水区	16	萌宠(羊驼)
07	服务用房01	17	服务用房02
08	游船码头	18	垂钓区
09	萌宠(牛)	19	烧烤露营区
10	儿童跑马场	20	亲水平台
		21	主入口
		22	预留停车区

总图平面索引
GENERAL PLANE INDEX

图 4-292　乐活田园游乐区分区平面图

效果图展示
EFFECT CHART DISPLAY

平面索引

图 4-293　儿童活动场地鸟瞰图

图 4-294　儿童活动场地效果图一

图 4-295　儿童活动场地效果图二

图 4-296　萌宠乐园效果图

图 4-297　服务用房效果图

图 4-298　烧烤露营区效果图

　　将儿童活动场地分别沿西南-东北方向(2-2)、西北-东南方向(3-3)进行剖面分析,如图 4-299、图 4-300 所示。

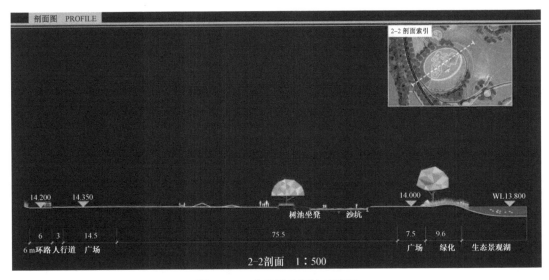

图 4-299　儿童活动场地剖面图

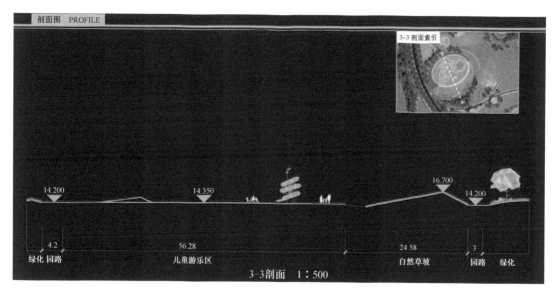

图 4-300　儿童活动场地剖面图

将戏水区沿东西方向(4-4)进行剖面分析,如图 4-301 所示。

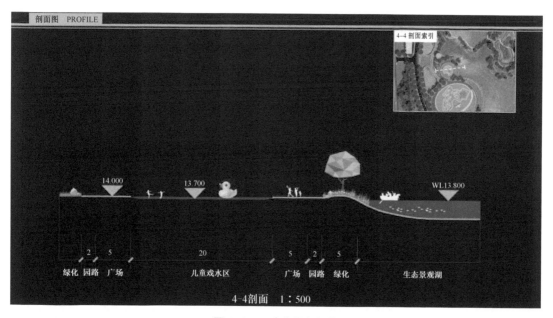

图 4-301　戏水区剖面图

将烧烤露营区沿东西方向(5-5)进行剖面分析,如图 4-302 所示。

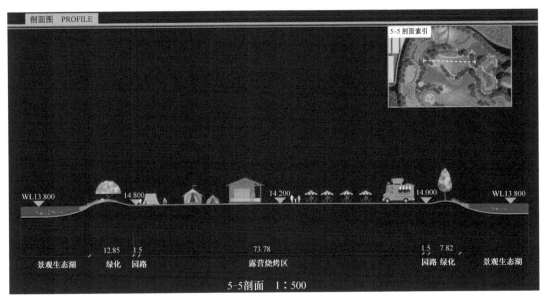

图 4-302　烧烤露营区剖面图

(3) 乐田乡村俱乐部

乐田乡村俱乐部以农产品展销、民宿和农家乐经营为主(图 4-303)。主要景观节点包括乡村剧场、农产品展示厅(图 4-304)、农产品交流广场(图 4-305)等。同时该区域自然环境条件优越,滨水景观视线良好,设有游船码头、茶社和观景平台(图 4-306),在民宿集群处可观赏小瀑布景观、举办篝火晚会(图 4-307、图 4-308、图 4-309)。

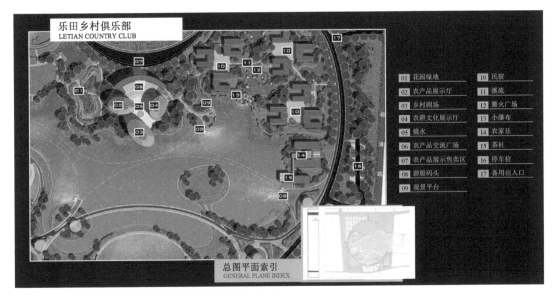

图 4-303　乐田乡村俱乐部分区平面图

效果图展示
EFFECT CHART DISPLAY

平面索引

图 4-304 农产品交流广场和绿地效果图

效果图展示
EFFECT CHART DISPLAY

平面索引

图 4-305 农产品交流广场效果图

图 4-306　观景平台效果图

图 4-307　民宿周边景观效果图

图 4-308 小瀑布景观效果图

图 4-309 篝火广场效果图

将农产品交流广场沿南北方向（6-6）进行剖面分析，如图 4-310 所示。

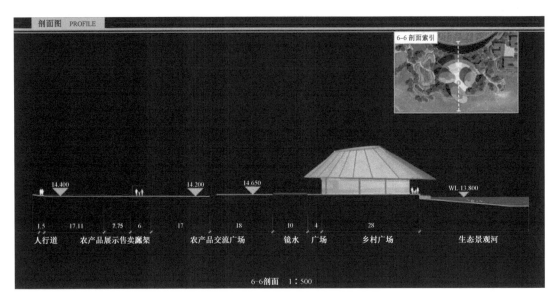

图 4-310　农产品交流广场剖面图

以小瀑布与篝火广场所在直线为剖切线进行剖面分析，如图 4-311 所示。

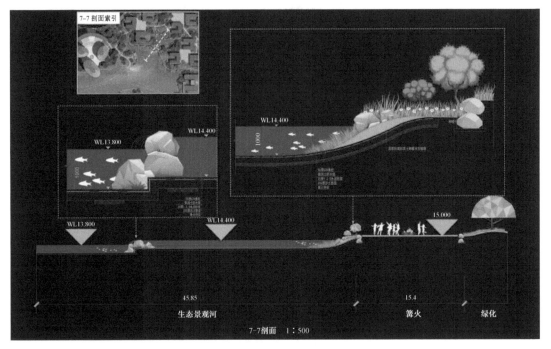

图 4-311　小瀑布至篝火广场剖面图

（4）生产采摘区

生产采摘区位于场地北部，主要种植香瓜、草莓、冬枣、葡萄等作物，并在园区内进行展销，此外还种植了大面积的牡丹和芍药，兼具生产和观赏功能（图 4-312）。

图 4-312 生产采摘区分区平面图

6.5 专项规划

6.5.1 交通系统

场地内通过环形主路连接各出入口,可满足通车要求;人行流线通达便利,串联各个景观节点;并设置水上游览路线,以丰富游赏体验(图 4-313)。

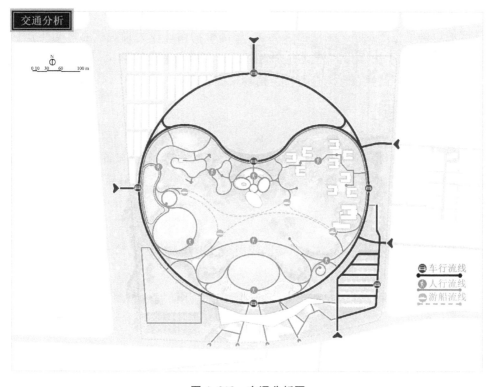

图 4-313 交通分析图

6.5.2 植物规划

项目植物设计从整体上旨在创造令人心情宁静、情感愉悦的艺术性园林空间。结合绿色生态的设计原则,通过乔、灌、草的合理搭配,并利用植物的生命力,营造出充满生机活力的四季景象。设计再具体结合项目板块特色,营造出整体感下各个功能板块的自身特色。

(1)地景入口及环路设计

运用植物地景艺术营造入园的强烈视觉冲击力,使游客过目难忘。紧扣生态养生主题,植物地景可选用牡丹、五色水稻等具有养生价值的植物品种作为唯一的元素来打造。

主环路作为全园景观骨架建议选择常绿树种,如常用的香樟等,以保证乐园常绿的基调。

(2)乐活田园农场游乐区

组合种植常绿地被与乔木形成通透的视觉空间,注重儿童视野高度的植物配置,考虑观果植物的运用,以突出农场的特征。

(3)乐田乡村俱乐部

植物可以通过嗅觉、听觉、视觉等感官刺激来改善使用者的不良状态。在进行植物养生群落设计时,可局部区域设计种植芳香植物以及药用植物等。根据不同人群特征,综合考虑区域种植,如色彩鲜艳的颜色可以激发孩子的创造力,故考虑在乡村俱乐部亲子主题的民宿周边种植保健性植物,如菊花、薄荷等,唤起孩子的好奇心,并能驱散蚊虫。在以老年消费者为主的民宿周边种植金银花、罗汉松、竹柏等植物,这些植物能够促进血气循环,舒筋活络。

(4)生产采摘区

该区域以满足生产及园艺采摘需求为主,局部植物设计作为景观核心区与生产区的过渡,采用大地艺术的手法,与入口艺术地景相呼应。可以考虑片植柳树、马鞭草等植物,也可以考虑以"可食地景"的生态理念打造特色植物采摘景观区。

6.5.3 铺装设计

(1)入口景观区铺装设计

入口广场的铺装材料选择花岗岩,将火烧面芝麻灰花岗岩、荔枝面黄锈石花岗岩、火烧面芝麻黑花岗岩、光面中国黑花岗岩以不同的铺装形式组合,起到引导视线和划分空间的作用(图4-314、图4-315)。

(2)儿童活动区铺装设计

道路铺装以透水砖为主,儿童活动场地使用塑胶地垫(图4-316)。

(3)戏水区铺装设计

戏水区铺装主要采用透水砖和花岗岩,水上栈道选用防腐木材料,水池底部以蓝色马赛克贴面(图4-317)。

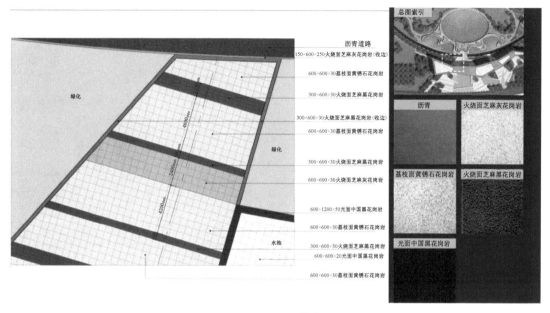

图 4-314 入口景观区铺装设计图一

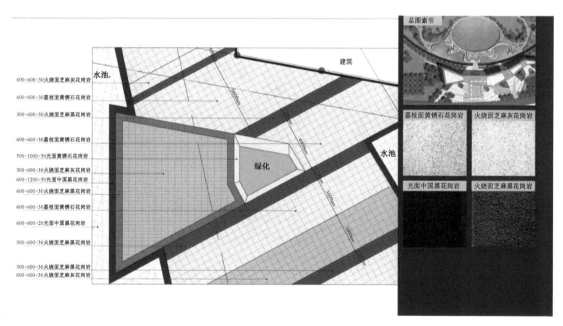

图 4-315 入口景观区铺装设计图二

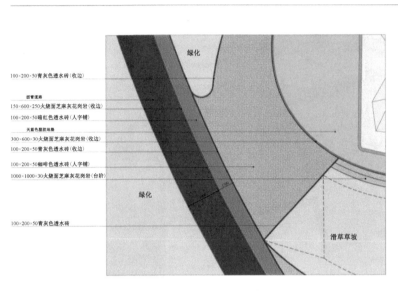
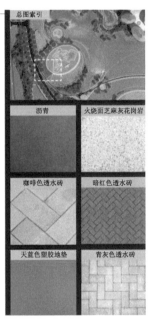

图 4-316　儿童活动区铺装设计图

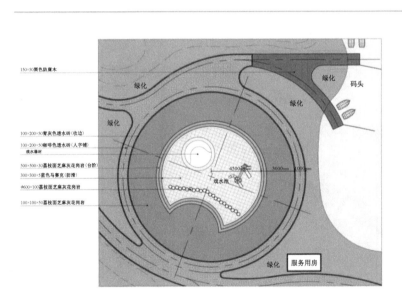
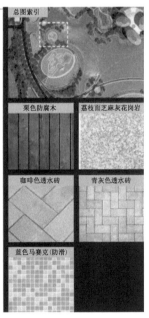

图 4-317　戏水区铺装设计图

（4）农产品交流广场铺装设计

农产品交流广场用花岗岩、透水砖、防腐木材料进行铺地（图 4-318）。

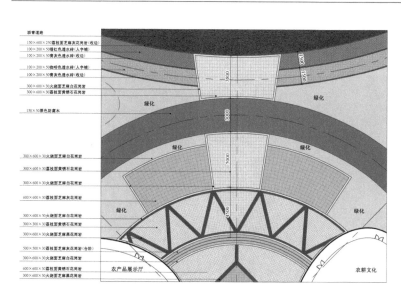

图 4-318　农产品交流广场铺装设计图

6.5.4　照明设计

场地内的照明主要包括道路照明、广场照明以及重要景观节点照明,其设计是指通过灯光的投射、强调、映衬、明暗对比等手法来表现体量、空间和质感,营造环境气氛。场地中照明灯的种类包括庭院灯、草坪灯、射灯、地埋灯、壁灯、特色灯等(图 4-319)。

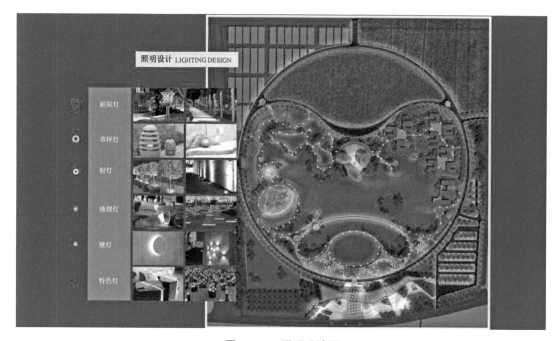

图 4-319　照明设计图

6.5.5　服务设施

优化完善场地内基础服务设施,合理增设坐凳、廊架、自动贩卖机、垃圾桶等,采用木质材料,以与整体环境相协调,意向图如图4-320所示。

图4-320　服务设施意向图

6.5.6　标志系统

打造独具特色的标识系统,功能性与艺术性相结合,意向图如图4-321所示。

图4-321　标识系统意向图

6.5.7　小品雕塑

景观小品追求艺术性、趣味性和独特性,意向图如图4-322所示。

图 4-322　小品雕塑意向图

6.5.8　智能购物系统

构建智能购物系统,游客可以在农副产品售卖区现场挑选后下单,或在游客服务中心直接下单,产品最终将通过现货提取或送货上门的方式送达游客手中,这在一定程度上拓宽了销售渠道,推动了产业发展(图 4-323)。

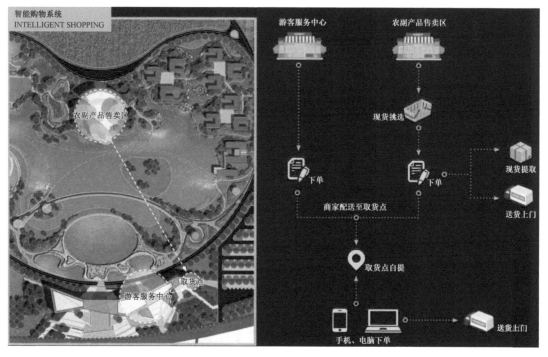

图 4-323　智能购物系统设计图

6.5.9　建筑设计

场地内的建筑主要包括游客服务中心、小剧场、农耕文化展示厅、农副产品展示厅、民宿和农家乐(图 4-324)。

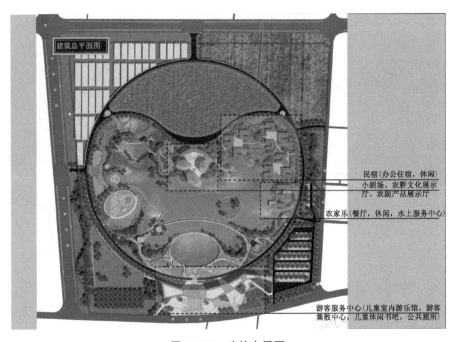

图 4-324　建筑布局图

(1)游客服务中心

游客服务中心包括儿童室内游乐馆、游客集散中心、儿童休闲书吧和公共厕所(图 4-325)。其建筑效果图如图 4-326、图 4-327、图 4-328 所示。

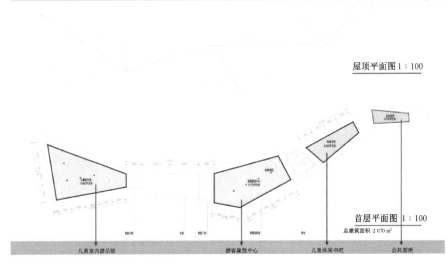

图 4-325　平面功能分布图

图4-326　游客服务中心效果图一

图4-327　游客服务中心效果图二

图 4-328　游客服务中心通廊效果图

在游客服务中心附近设计一瞭望塔,其效果图如图 4-329 所示。

图 4-329　瞭望塔效果图

（2）小剧场、农耕文化展示厅、农副产品展示厅（图 4-330～图 4-333）

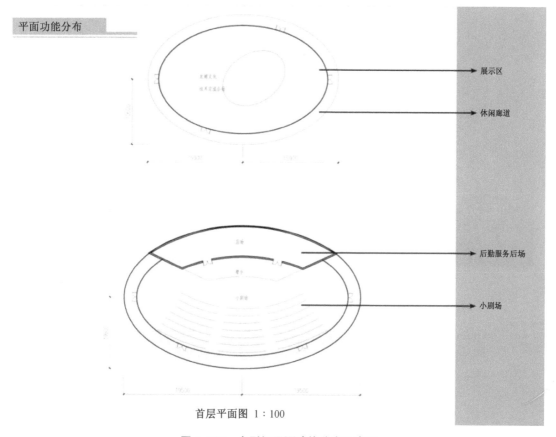

首层平面图 1 : 100

图 4-330 小剧场平面功能分布示意图

图 4-331 小剧场鸟瞰图

图 4-332　小剧场效果图

图 4-333　农耕文化展示区效果图

（3）民宿（乐田湾）

结合"乐园"自然景观和生态资源进行整体设计，为游客提供高品质住宿等特色服务的休闲度假体验型经营性场所。根据这一定位，民宿有别于传统形式的农家乐，它不是住宿和农家乐的代名词，而是强调有一定规模、一定品质、一定人文品位，是介于传统农家乐与旅馆业之间的住宿餐饮业新型业态（图 4-334～图 4-337）。

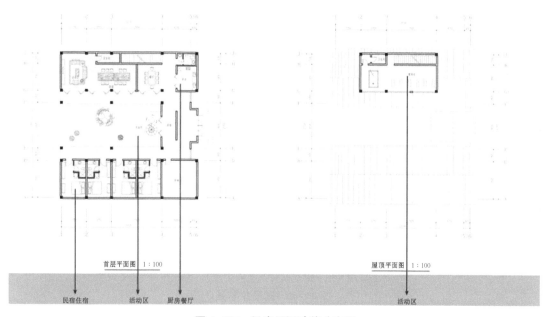

图 4-334 民宿平面功能分布图

图 4-335 民宿鸟瞰图

图 4-336　民宿效果图

图 4-337　民宿中庭景观效果图

（4）农家乐（图 4-338、图 4-339、图 4-340）

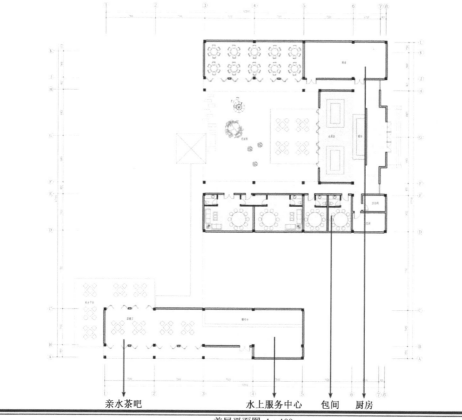

亲水茶吧　　　　水上服务中心　包间　厨房

首层平面图 1：100

图 4-338　农家乐平面功能分布图

效果图展示
EFFECT CHART DISPLAY

图 4-339　农家乐鸟瞰图

效果图展示
EFFECT CHART DISPLAY

图 4-340　农家乐效果图

6.6　投资概算

表 4-16　投资概算

淮安国家农业科技园区四新成果展示基地三期项目设计采购项目投资概算						
序号	分区	项目名称	单位	面积	单价/(元/m²)	总价/万元
1	景观设计区（备注：市政含在各区内）	绿地	m²	81 364	80	650.9
2		建筑占地面积	m²	6 800	700	476.0
3		水域	m²	61 957	20	123.9
4		萌宠区	m²	12 521	50	62.6
5		儿童活动区	m²	6 139	80	49.1
6		真人 CS ＆ 野外拓展基地	m²	12 219	50	61.1
7		广场、道路、停车场	m²	28 000	200	560.0
8	生产采摘区		m²	109 000	—	—
用地总面积			m²	318 000	—	1 983.6

结　语

　　本书以休闲农业过快过热的发展中出现的特色缺失、同质化严重等问题为研究背景,为解决实践领域缺乏相关理论指导,休闲农业特色、景观特色呼声高涨的问题,开展休闲农业景观特色营造研究。同时,休闲农业的产业属性和经营类型不同,其景观特色会有所差异,评价标准也会相应发生变化。因此,在研究休闲农业景观特色营造时,针对不同类型进行了分类分析。

　　通过研究梳理归纳影响休闲农业景观特色的因素,总结为:自然环境、农业生产、乡村建成环境、历史人文因素及人的需求感受五大方面,并对不同业态的休闲农业景观特色进行分析,总结特征。分别提出了以农业生产为主的休闲农业景观特色营造策略以及以旅游业为主的休闲农业景观特色营造策略。以农业生产为主的休闲农业要在生产性、科技性、生态性、生活性四大原则的指导下开展景观特色营造。第一,要因地制宜,充分利用自然环境的独特性,突出生态性特色。第二,利用现有产业,塑造人工景观的独特性。依托地域优势,发展特色产业;基于农业产业,保护农业肌理;更新乡土建筑,保护村落风貌;优化聚落景观,突出乡土特色。第三,结合产业特色,提升活动感受的独特性。主题策划体现产业特色,发挥产业优势;体验活动结合产业特色,以产业带动旅游业。以旅游业为主的休闲农业要在审美性、创意性、文化性、体验性四大原则的指导下开展景观特色营造。第一,合理改善自然环境,突出审美性特色。第二,主题结合创意,塑造人工景观的独特性。结合农耕文化,强化农业色彩;协调建筑与环境,提升主题建筑的观赏性;乡土与现代融合,提高乡土材料使用率;景观设施融合主题风格,强化景观特色。第三,利用文化特点,提升活动感受的独特性。提升主题定位契合度;主题策划寻求创意性表达;旅游活动增强互动体验;挖掘地域文化,渲染"情绪场"氛围;旅游产品开发体现主题特色。

　　通过本书的探讨与研究,希望为休闲农业的发展提供一定的参考借鉴作用,也希望休闲农业管理等领域的专家与学者能更多参与到休闲农业景观特色的研究中来,并且从规划、管理、建设等多种维度探讨景观特色的提升,促进我国休闲农业健康有序发展。

参考文献

【书籍】

［1］孙新旺,李晓颖.从农业观光园到田园综合体:现代休闲农业景观规划设计［M］.南京:东南大学出版社,2020:253.

［2］李文华.生态农业:中国可持续农业的理论与实践［M］.北京:化学工业出版社,2003:1120.

［3］王云才,郭焕成,徐辉林.乡村旅游规划原理与方法［M］.北京:科学出版社,2006:297.

［4］侯元凯,等.休闲农业怎么做［M］.武汉:华中科技大学出版社,2017.

［5］刘军,邓文,周克艳.湖南创意休闲农业发展战略研究［M］.长沙:湖南大学出版社,2014.

［6］马俊哲,耿红莉.休闲农业和乡村旅游政策解读［M］.北京:中国农业出版社,2019.

［7］张亚辉,柯小华.意大利农业［M］.北京:中国农业出版社,2021.

［8］农业农村部乡村产业发展司.中国休闲农业年鉴 2020［M］.北京:中国农业出版社,2021.

［9］农业农村部规划设计研究院.休闲农业园区规划研究与实务［M］.北京:中国农业出版社,2021.

［10］李卫东.乡村休闲旅游与节庆农业［M］.北京:民族出版社,2021.

［11］徐虹,朱伟.乡村旅游创意开发［M］.北京:中国农业大学出版社,2019.

［12］李卫东.乡村休闲旅游与景观农业［M］.北京:中国农业大学出版社,2019.

［13］王长娜,王俊杰.观光农业景观设计多元探索［M］.长春:吉林大学出版社,2018.

［14］张亚卿,邹德文,王大江.河北省燕山地区休闲农业发展研究:基于地格理论视角［M］.石家庄:河北人民出版社,2016.

［15］张先慧.景观红皮书 1:休闲与办公［M］.天津:天津大学出版社,2012.

［16］俞益武,张建国,朱铨,等.休闲观光农业园区的规划与开发［M］.杭州:杭州出版社,2007.

［17］汤喜辉.美丽乡村景观规划设计与生态营建研究［M］.北京:中国书籍出版社,2019.

［18］杨丽芳.观光休闲果园规划与设计［M］.天津:天津科技翻译出版公司,2012.

［19］朱腾义.长三角乡村小微型特色农业园规划设计理论与方法［M］.南京:东南大学出版社,2018.

［20］叶美秀.休闲活动设计与规划:农业资源的应用［M］.北京:中国建筑工业出版社,2009.

［21］郭焕成,郑健雄.海峡两岸观光休闲农业与乡村旅游发展［M］.徐州:中国矿业大学出版社,2004.

［22］凤凰空间·天津.寻找地景:地域性文化景观设计实践［M］.南京:江苏凤凰科学技术出版
社,2016.

［23］相马一郎,佐古顺彦.环境心理学［M］.周畅,李曼曼,译.北京:中国建筑工业出版社,1986.

［24］肖笃宁,等.景观生态学［M］.北京:科学出版社,2003.

【期刊】

［25］任开荣,董继刚.休闲农业研究述评［J］.中国农业资源与区划,2016,37(3):195-203.

［26］闵庆文.全球重要农业文化遗产:一种新的世界遗产类型［J］.资源科学,2006,28(4):206-
208.

［27］陈巍,闫莉.北京仁和古城农业观光园规划浅谈［J］.中国园林,2003,19(6):19-21.

［28］邓键剑,范俊芳.湖南休闲农业园乡村地域文化景观分类研究［J］.湖南农业大学学报(自
然科学版),2010,36(S2):16-19.

［29］闫红霞.休闲农业:优化旅游产业结构的探索［J］.农业经济,2013(8):50-52.

［30］万祥虎.带动乡村振兴战略的休闲农业景观规划研究:以设计汶川县青云田园综合体为例
［J］.福建茶叶,2019,41(7):106-107.

［31］范水生,朱朝枝.休闲农业的概念与内涵原探［J］.东南学术,2011(2):72-78.

［32］郑向敏,吴建华,王新建.我国观光农业园区发展模式探讨［J］.中国供销商情,2004
(10):25.

［33］司万维克,高枫.英国景观特征评估［J］.世界建筑,2006(7):23-27.

［34］赵人镜,李雄,刘志成.英国景观特征评估对我国国土空间景观风貌规划管控的启示［J］.
中国城市林业,2021,19(2):41-46.

［35］吴伟,杨继梅.英格兰和苏格兰景观特色评价导则介述［J］.国际城市规划,2008,23(5):97-
101.

［36］林轶南.英国景观特征评估体系与我国风景名胜区评价体系的比较研究［J］.风景园林,
2012(1):104-108.

［37］杜师博,李娇,杨芳绒,等.国内景观评价方法研究现状及趋势:基于 Cite Space 的文献计量
分析［J］.西南大学学报(自然科学版),2020,42(7):168-176.

［38］李春玲,余柏椿.景观特色的级区评价模型研究［J］.中国园林,2011,27(10):74-79.

［39］周燕,余柏椿.城市景观特色级区系统属性理论概要［J］.华中建筑,2010,28(1):120-121.

［40］谢花林,刘黎明,赵英伟.乡村景观评价指标体系与评价方法研究［J］.农业现代化研究,
2003,24(2):95-98.

［41］叶锦培,曹飘洋,唐世斌,等.广西苍梧县茶园旅游开发策略探析［J］.广西林业科学,2019,
48(4):553-557.

［42］吴艳芳.基于 AHP 法的凯里市民族风情园园林小品景观评价［J］.现代园艺,2019(21):48-
50.

［43］李光耀,程朝霞,张涛.园林植物景观评价研究进展［J］.安徽农学通报(上半月刊),2012,18
(7):164-165.

［44］张祚,吴晓华.基于 SD 法的废旧材料在乡村景观建设中的应用[J].华中建筑,2019,37(12):68-73.

［45］雷翻宇.基于 SD 法的园林植物景观评价研究:以广西财经学院相思湖校区为例[J].山东农业大学学报(自然科学版),2020,51(5):858-862.

［46］宋力,何兴元,徐文铎,等.城市森林景观美景度的测定[J].生态学杂志,2006,25(6):621-624.

［47］王雁,陈鑫峰.心理物理学方法在国外森林景观评价中的应用[J].林业科学,1999,35(5):110-117.

［48］蔡建国,涂海英,胡本林,等.杭州西湖景区梅家坞茶文化村美景度评价研究[J].西北林学院学报,2014,29(5):256-261.

［49］刘可丹,罗欢,和太平.基于美景度评价法的公园滨水景观影响因素分析[J].科学技术与工程,2020,20(30):12552-12559.

［50］郭焕成,吕明伟.我国休闲农业发展现状与对策[J].经济地理,2008,28(4):640-645.

［51］信军.农业园区规划编制内容初探[J].中国农业资源与区划,2014,35(5):117-122.

［52］张健.台湾休闲农业的发展与启示[J].中国农学通报,2011,27(11):288-291.

［53］宋冀.日本休闲农业发展及对中国的启示[J].西部皮革,2016,38(6):117.

［54］张健.台湾休闲农业的发展与启示[J].中国农学通报,2011,27(11):288-291.

［55］余柏椿.解读概念:景观·风貌·特色[J].规划师,2008,24(11):94-96.

［56］徐晗,刘草,杨锦兰,等.乡村振兴下河南平原型乡村农业景观营造探究[J].园林,2020(3):82-87.

［57］胡文浩,那书豪,李学东,等.乡土野花组合在农业景观中的应用[J].中国生态农业学报(中英文),2019,27(12):1846-1856.

［58］汪瑞霞.归园田居:城乡人居环境中农业景观引入的价值与路径[J].生态经济,2019,35(1):225-229.

［59］蒋雪琴,马建武,杨倩,等.基于 AHP 的农业特色小镇景观资源综合评价体系研究[J].安徽农业科学,2019,47(17):123-125.

［60］方法林,臧其猛.基于 AHP 法的旅游特色景观镇(村)评价研究:以江苏省沿海地区为例[J].北京第二外国语学院学报,2010,32(5):53-58.

［61］彭晓烈,高鑫,修春亮.乡村振兴导向下中国乡村特色评价体系构建与实证研究[J].城市建筑,2018(35):24-28.

［62］陈虹.漳州农业类特色小镇景观质量评价及提升策略研究[J].长春工程学院学报(自然科学版),2021,22(3):104-109.

［63］韩庆斌,吴志,徐扬,等.乡土文化在农田景观中的运用:以乐昌市首届生态农业博览园为例[J].园林,2021,38(12):80-85.

［64］周洲,朱振通,程红波."去设计化"思路在乡村环境整治中的运用:以浙江天台后岸村为例[J].中国园林,2020,36(S2):124-129.

［65］宋河有.创意旅游与主题旅游的融合:动因与实现路径:以草原旅游目的地马文化主题创意旅游开发为例[J].地理与地理信息科学,2018,34(5):119-124.

［66］朱晓英,李晓颖.休闲农业特色营造手法[J].农业工程,2021,11(4):143-147.

［67］孟东生,马志伟.体验视角下台湾休闲农业景观设计对河北的启示[J].艺术与设计(理论),2019,2(10):55-56.

［68］何可,叶昌东,陈当然,等.改革开放以来珠三角地区农业功能转变与景观形态演变[J].农业资源与环境学报,2021,38(6):957-966.

［69］刘滨谊,王云才.论中国乡村景观评价的理论基础与指标体系[J].中国园林,2002,18(5):76-79.

［70］Zee D. The complex relationship between landscape and recreation[J]. Landscape Ecology, 1990, 4(4): 225-236.

［71］Tang J W, Brown R D. The effect of viewing a landscape on physiological health of elderly women[J]. Journal of Housing For the Elderly, 2006, 19(3/4): 187-202.

［72］Carlos C E, Wohlgenant M K, Boonsaeng T. The demand for agritourism in the United States[J]. Journal of Agricultural and Resource Economics, 2008, 33(2): 254-269.

［73］Srikatanyoo N, Campiranon K. Agritourist needs and motivations: the Chiang Mai case [J]. Journal of Travel & Tourism Marketing, 2010, 27(2): 166-178.

［74］Salazar-Ordóñez M, Rodríguez-Entrena M, Sayadi S. Agricultural sustainability from a societal view: an analysis of southern Spanish citizens[J]. Journal of Agricultural and Environmental Ethics, 2013, 26(2): 473-490.

［75］Samsudin P Y, Maliki N Z. Preserving cultural landscape in homestay programme towards sustainable tourism: brief critical review concept[J]. Procedia-Social and Behavioral Sciences, 2015, 170: 433-441.

［76］Carneiro M J, Lima J, Silva A L. Landscape and the rural tourism experience: identifying key elements, addressing potential, and implications for the future[J]. Journal of Sustainable Tourism, 2015, 23(8/9): 1217-1235.

［77］Jacobsen J S, Tømmervik H. Leisure traveller perceptions of iconic coastal and fjord countryside areas: lush naturalness or remembrance of agricultural times past? [J]. Land Use Policy, 2016, 54: 38-46.

［78］Schmidt-Entling M H, Döbeli J. Sown wildflower areas to enhance spiders in arable fields [J]. Agriculture, Ecosystems and Environment, 2009, 133(1):19-22.

［79］Khanghah S S, Moameri M, Ghorbani A, et al. Modeling potential habitats and predicting habitat connectivity for Leucanthemum vulgare Lam. in northwestern rangelands of Iran [J]. Environmental Monitoring and Assessment, 2022, 194(2):109.

［80］Fines K D. Landscape evaluation: a research project in East Sussex: rejoinder to critique by D. M. Brancher[J]. Regional Studies, 1969, 3(2): 219.

［81］Andersen E. The farming system component of European agricultural landscapes[J]. European Journal of Agronomy, 2017, 82:282-291.

［82］Tóth T. Rewilding agricultural landscapes. A California study in rebalancing the needs of people and nature[J]. Arid Land Research and Management, 2022, 36(2): 243-244.

［83］Liccari F，Sigura M，Tordoni E，et al. Determining plant diversity within interconnected natural habitat remnants（ecological network）in an agricultural landscape：a matter of sampling design？［J］. Diversity，2021，14(1)：12.

【硕博论文】

［84］杨明欣.色彩因子在美丽农业规划建设中的应用研究:以义乌市上溪镇缤纷小镇规划为例［D］.杭州:浙江农林大学,2019.

［85］李志斌.建构视野下的当代中国新乡土建筑创作初探［D］.成都:西南交通大学,2008.

［86］黄玉苗.乡土特色景观的构成要素与活化研究:以义乌市上溪镇溪华村棋乐小镇为例［D］.杭州:浙江农林大学,2021.

［87］范丽.城市山水景观特色级区划分研究:以武汉都市圈为例［D］.武汉:华中科技大学,2011.

［88］陈少青.景观特色审美结构理论在城市规划中应用研究［D］.武汉:华中科技大学,2008.

［89］杨丹枫.基于人文景观特色评价的历史地段景观规划［D］.南京:东南大学,2017.

［90］汪玮.乡土材料与乡土文化意境营造研究:以徽州地区为例［D］.上海:上海交通大学,2016.

［91］罗薇.成都休闲农庄景观特色挖掘与研究［D］.重庆:重庆大学,2016.

［92］齐钰.哈尔滨市群力新区公园景观特色评价［D］.哈尔滨:东北林业大学,2014.

［93］王婷.特色景观形成机理［D］.武汉:华中科技大学,2006.

［94］李晓颖.生态农业观光园规划的理论与实践［D］.南京:南京林业大学,2011.

［95］杨荣荣.基于业态划分的我国休闲农业评价研究［D］.哈尔滨:东北林业大学,2015.

［96］蒋微芳.基于场所依赖理论的休闲业态创新研究［D］.杭州:浙江工商大学,2011.

［97］李露.基于环城游憩带视角的都市休闲农业景观营建研究:以成都市为例［D］.北京:北京林业大学,2016.

［98］邓锡荣.农业景观的美学释义［D］.成都:西南交通大学,2008.

［99］侯星.基于哲学与行为心理学视角下的农业景观审美情趣的研究［D］.泰安:山东农业大学,2015.

［100］毋彤.杨凌农业景观审美研究［D］.杨凌:西北农林科技大学,2016.

［101］闻佳.特色农业观光园景观设计研究:以合肥市为例［D］.合肥:合肥工业大学,2010.

［102］许超.休闲农业园景观规划与体验模式研究［D］.杭州:浙江农林大学,2014.

［103］武丽娟.体验经济下休闲农庄景观规划设计初探:以阜阳西湖镇金湖丰休闲农庄为例［D］.南京:南京师范大学,2021.

［104］董秀维.休闲农业园儿童自然教育景观规划设计策略研究:以成都松鼠乐园为例［D］.重庆:西南大学,2021.